AF633541

De Darwin à Einstein

Deux aventuriers du savoir

Acteurs de la Science

Fondée par Richard Moreau,
professeur honoraire à l'Université de Paris XII
Dirigée par Claude Brezinski et Roger Teyssou

La collection Acteurs de la Science est consacrée à des études sur les acteurs de l'épopée scientifique moderne ; à des inédits et à des réimpressions de mémoires scientifiques anciens ; à des textes consacrés en leur temps à de grands savants par leurs pairs ; à des évaluations sur les découvertes les plus marquantes et la pratique de la Science.

Dernières parutions

Auguste MARIE, *La psychanalyse et les nouvelles méthodes d'investigation de l'inconscient*, 2018.

Roger TEYSSOU, *Jérôme Fracastor (1478-1553), De la nature des choses à la nature des germes,* 2017.

Alain GIRET, *Les températures et l'effet de serre. Essai sur l'histoire et l'avenir du climat,* 2017.

Edouard PÉLISSIER, *Ambroise Paré. Chirurgien des soldats et des rois (1510-1590)*, 2017.

Letizia JOUFFROY, *Bach et Händel, Deux musiciens illustres dans le noir, Les barbiers à l'aube de la chirurgie*, 2016.

Michel ROUFFET, *Mais comment en est-on arrivé là ? La terre de 4000 à 4,5 milliards d'années,* 2016.

Roger TEYSSOU, *Jean Wier. Des dieux, des démons, des sorcières,* 2016..

Sofiane BOUHDIBA, *Pavillon jaune, Histoire de la Quarantaine, de la Peste à Ebola,* 2016.

François DEMARD, Pierre MANDRILLON, *Dans l'œil du cyclotron,* 2016.

Gilles GROS, *Pierre Fauchard, ce génie de l'épistémologie en art dentaire*, 2016.

Robert LOCQUENEUX, *L'électricité au Siècle des lumières. Nollet, Franklin & les autres,* 2016.

Jean PERDIJON, *Les physiciens sont-ils des intellectuels ? Petit traité (illustré) de culture physique*, 2016.

Francis WEILL, *Folie du monde et vertige des religions : mémoires d'un vieux médecin,* 2016.

Marceau FELDEN

De Darwin à Einstein

Deux aventuriers du savoir

L'Harmattan

© L'Harmattan, 2018
5-7, rue de l'Ecole-Polytechnique, 75005 Paris

www.editions-harmattan.fr

ISBN : 978-2-343-13972-2
EAN : 9782343139722

A mes petits-enfants :
Anne, Matilde, Adrian.

Einstein à Darwin :
« La vie est fille des étoiles »

Darwin à Einstein :
« L'absolu... une idée relative ! »

Avant-propos

Pour quelles raisons associer un naturaliste, Charles Darwin, à un physicien théoricien, Albert Einstein ? Parce que l'un et l'autre ont, par leurs travaux, fait franchir une étape décisive à la connaissance rationnelle en la sécularisant. Ils ont libéré la science rationnelle de tout finalisme et de toute pensée magique. En situant le Sapiens dans la lignée animale, Darwin a révolutionné l'histoire des croyances ancestrales sur la création de la Vie et de l'Humanité. En faisant de l'Univers un objet physique à part entière, obéissant à des lois connaissables, possédant une origine et une histoire, Einstein a mis fin au cosmogonisme mythologique des religions.

Ces deux savants, chercheurs solitaires, ont permis de jeter un regard nouveau sur le Monde et sur son devenir. C'est à partir de leurs travaux que la biologie et la cosmologie ont acquis le statut de sciences rationnelles. Ces recherches mirent en évidence une propriété fondamentale et générale de la Nature : son évolution. Propriété ignorée aussi bien des fixistes créationnistes abrahamiques que des mécanicistes newtoniens. Propriété fondée sur le hasard et la contingence, tant dans les mécanismes mutationnels darwiniens que transformationnels relativistes et qui ont pour conséquence que cette évolution n'est pas, et ne peut pas être dirigée. C'est la négation du téléologisme.

Darwin et Einstein ont révolutionné la connaissance contemporaine en la libérant de l'abiogenèse et du créationnisme, celui des « religions du Livre », qu'il s'agisse de la vie ou du Monde. Ils ont donné un sens universel au concept de matière, dont les propriétés sont unifiées que celle-ci soit vivante ou inerte. Comme le montre la suite, l'histoire du monde terrestre de Darwin et celle du cosmos d'Einstein ont en commun des caractéristiques qui justifient l'association de méthodes permettant leur étude. Il s'agit de lois d'ordre (la sélection naturelle ; la gravité) alors que tout *deus ex machina* est exclu.

Darwin et Einstein ont réalisé un remarquable travail de synthèse des connaissances acquises au cours du temps par quelques-uns de leurs éminents prédécesseurs tels des naturalistes comme Buffon, von Linné, Lamarck, etc. ou des physiciens comme Maxwell, Lorentz, Poincaré, etc. dont les travaux ont marqué des étapes. Pourtant, différence capitale, tous ces précurseurs sont restés prisonniers de leur référentiel intellectuel.

Pour Darwin, les oppositions furent rudes, parfois caricaturales. Elles n'ont d'ailleurs pas cessé avec le mouvement actuel dit « du dessein intelligent ». De même, l'hypothèse du big bang reste contestée en dépit des preuves qui s'accumulent à son sujet.

L'un des objectifs de ce texte est de montrer que, dans leurs considérables développements, la biologie et la cosmologie présentent d'intéressants points de convergence, aussi bien dans leur méthodologie que dans certaines de leurs applications, en particulier celles qui concernent l'avenir. Car l'association de leur pouvoir génératif conduit à poser des questions fondamentales concernant le devenir de l'humanité et de la vie comme celui de la planète Terre. C'est, par exemple, le cas de l'exobiologie, de la planétologie et du génie génétique associés aux progrès des technologies spatiales. Il en va de même avec les recherches sur d'autres formes de vie, voire d'intelligences extraterrestres, ou l'existence de multivers et d'autres questions telle que l'intelligence artificielle. Questions associées à d'autres, plus complexes, que pose la Nature s'agissant des origines de la vie ou du devenir du Sapiens dans un Univers ou, peut-être, il n'est pas seul ?

Introduction

La biologie moderne est née avec la première théorie cohérente de l'évolution des espèces vivantes, œuvre du naturaliste anglais Charles Darwin. Elle est exposée dans son ouvrage fondamental *De l'Origine des Espèces* publié en 1859. En démontrant l'existence d'une filiation animale commune, Sapiens compris, reliant l'ensemble des structures et organismes vivants, Darwin a remis en question le récit biblique de la Création. Sa théorie fondée sur un principe général d'évolution contesta le fixisme des espèces. Le hasard associé à la contingence étant les éléments moteurs de la variabilité nécessaire à l'évolution, celle-ci ne pouvait plus être dirigée. Ce qui excluait toute finalité, tout téléologisme. C'était l'amorce d'une révolution culturelle de grande ampleur.

Elle fut confirmée et complétée au début du XX° siècle par les travaux du physicien théoricien Albert Einstein. Dans une publication intitulée *Les Fondements de la Théorie de la Relativité Générale* (1916), il établissait les données mathématiques de base permettant l'élaboration d'un cadre géométrique adapté à l'étude rationnelle et à la représentation de l'Univers considéré comme une structure physique. C'est l'article fondateur d'une science nouvelle : la cosmologie, ou science de l'Univers. Les modélisations qui s'ensuivirent, et l'histoire qu'elles permirent d'écrire, confirmèrent l'erreur du Livre de la Genèse. La découverte de l'expansion des galaxies permit de vérifier la généralité du principe d'évolution de Darwin. Le hasard et la contingence intervenant aux différentes phases de l'histoire de cette évolution, l'exclusion de toute finalité était tout autant confirmée. Avec la relativité restreinte, Einstein mit également fin au fixisme du temps, de l'espace et de l'éther propre au mécanicisme newtonien.

C'est d'abord cette contestation scientifique des sources historiques de la civilisation occidentale qui rapproche les travaux de Darwin et ceux d'Einstein. Mais pas seulement, comme la suite le montrera. Pour parvenir à leurs démonstrations, ils osèrent s'opposer au religieux, opérant ainsi un véritable saut culturel porteur de confrontations, de conflits et de litiges les opposant à leurs contemporains, particulièrement aux clercs de tous ordres et aux collègues. Cette contestation perdure, notamment chez les créationnistes américains et dans les pays théocratiques (annexe II).

Ce bref résumé met déjà en évidence des analogies de base entre les travaux de Darwin et ceux d'Einstein dont les champs de recherches apparaissent pourtant bien différents. Mais elles ne s'arrêtent pas à ces faits. On observe, par exemple, des similitudes méthodologiques. Chaque théorie repose sur un minimum d'hypothèses simples, clairement exprimées, sans artefact ni *deus ex machina* et est centrée sur une idée-force qui est une loi d'ordre. Il s'agit, chez Darwin, de la sélection naturelle agissant sur la série phylogénétique fondant son raisonnement. Dans le cadre relativiste, c'est la gravité entropique – interaction à longue distance- qui détermine la série évolutive allant du big bang au modèle standard de l'Univers. Ces deux séries évolutives représentent, pour l'une, l'histoire de la Vie, pour l'autre, celle de l'Univers.

Les travaux de Darwin et Einstein se rejoignent également en montrant que, contrairement aux croyances passées, la constitution matérielle du monde vivant et celle du monde minéral sont strictement confondues. Les principes et lois qui les gouvernent sont donc absolument identiques. Il y a continuité de la matière. Ce qui n'exclut pas l'émergence de propriétés nouvelles dans des structures autoorganisatrices de systèmes hors d'équilibre.

En étant parvenus à intégrer deux questions ontologiques fondamentales, celle de la vie et celle de l'Univers, dans un cadre scientifique authentique, Darwin et Einstein ont ainsi initié l'émergence de deux sciences majeures. C'est un succès déterminant de la pensée rationnelle dans son combat contre les enseignements traditionnels qui restaient largement sous la coupe de la pensée magique.

Ils ont également donné un sens nouveau au mot « évolution » qui, associé au hasard et à la contingence, est devenu une propriété générale, une fonctionnalité transformationnelle de l'Univers. Bien que déjà remarquée quelques siècles avant notre ère par Leucippe, Démocrite ou Lucrèce, cette propriété restait obstinément occultée par l'autoritarisme des clercs bibliquement fixistes.

La biologie et les sciences de l'Univers sont l'une et l'autre caractérisées par la puissance de leur générativité : les deux sont sources d'idées et d'applications tout à fait inattendues. Parfois positives, par exemple en médecine, parfois négatives, par exemple dans les applications militaires de la célèbre équation d'Einstein reliant l'énergie à la masse.

Quoi qu'il en soit de leurs utilisations, bonnes ou mauvaises, la biologie et la cosmologie sont devenues deux sciences majeures qui tiendront certainement une place essentielle dans l'étude et la résolution des grands problèmes du futur. Particulièrement ceux qui concernent le devenir de la planète, de la vie et du Sapiens lui-même. Mais pas seulement ! L'exobiologie et l'installation de stations spatiales habitées, la terraformation de planètes, les explorations lointaines sont également des questions qui se poseront certainement dans un avenir proche. Et d'autres

Chapitre I

Les prémices. L'émergence des sciences de la vie

D'Aristote à Darwin, le cheminement de la pensée scientifique aboutissant finalement à l'élaboration d'une science du vivant, la biologie, fut long, très long, parsemé d'embûches, de querelles et de nombreux obstacles. Pendant près de deux millénaires, les philosophes s'intéressant aux sciences naturelles se heurtèrent à un problème tant psychologique que culturel, pour eux quasi insurmontable : faire la distinction entre ce qui est vivant et ce qui ne l'est pas. En effet, la philosophie dominante était celle de l'hylozoïsme[2] qui postule que toute matière, quelle qu'elle soit, est dotée de vie en soi. Philosophie qui fut théorisée par les Anciens grecs, dont les présocratiques et les stoïciens, et qui perdura jusqu'au XVIII° siècle sous des formes variées, dont le panthéisme. Par exemple au XVII° siècle pour Giordano Bruno tout est vivant, même les astres. On en trouve des éléments chez Spinoza qui considère que le mental et le physique sont confondus : *« deus sive natura »*

[2] qui n'est pas le vitalisme, lequel admet que le vivant résulte d'une force vitale spécifique n'étant pas réductible aux lois physico-chimiques.

(*« Dieu, c'est à dire le Nature » in* l'Ethique ; 1677), ou chez Kant qui en fait un commentaire (*Critique de la faculté de juger ;* 1790). Doctrine qui ne facilita pas l'émergence des sciences du vivant et dont il subsiste encore quelques effluves.

Une telle conception de la nature ne favorise pas la perception de l'évolution des espèces puisqu'on ne parvient pas à distinguer la matière vivante de la matière brute. Les changements observés dans l'environnement sont, pour les observateurs, tous d'une même nature. La Renaissance voit apparaître les premières méthodes d'expérimentation, de dissection et de vivisection. L'invention du microscope ouvre des champs nouveaux. Les explorations géographiques renouvellent les données de base de l'histoire naturelle et apparaissent les premières classifications des espèces vivantes.

Une première réaction est due aux mécanicistes qui s'opposent aux doctrines finalistes scolastiques alors en vogue. Pour eux le vivant devrait être explicable par les lois de la mécanique, doctrine qui ne rencontre pas l'approbation de Newton, pourtant Père de cette théorie.

Une définition univoque de la vie n'étant pas connue, elle est principalement caractérisée par ses propriétés métaboliques. Historiquement on observe que la séparation entre le vivant et l'inerte est culturelle et dépend de l'état des connaissances. Dans la civilisation occidentale, il n'apparaît pas de césure franche marquant la reconnaissance du vivant comme tel, et séparé de l'inerte. En fait la distinction commença à se poser au XVIII° siècle avec la question de la génération spontanée, objet de querelles entre différents chercheurs et philosophes, dont Diderot et Voltaire. La controverse prit de l'ampleur et devint publique au siècle suivant avec la célèbre querelle opposant Pasteur au médecin, naturalise F. A. Pouchet, défenseur acharné de la génération spontanée. Les démonstrations pastoriennes apporteront un démenti définitif au mythe de la génération spontanée. Et la synthèse de l'urée, composé organique réalisée en 1828 par F. Wöhler à partir d'éléments inorganiques, décrétera la fin du vitalisme attribuant aux substances issues du vivant des propriétés spécifiques. Après plus de deux millénaires, la césure est enfin claire : bien que constitués des mêmes matériaux de base, le vivant et l'inerte sont distincts. Ils correspondent à deux classes chimiques différentes : la chimie organique pour l'un, la chimie minérale pour l'autre. Cette distinction entre le vivant et l'inerte représente un progrès intellectuel dont les conséquences vont être considérables, particulièrement dans les sciences médicales.

Les progrès de la méthode scientifique et des sciences expérimentales permettent alors se poser rationnellement une question fondamentale : celle de l'étude de la vie reconnue en tant que telle, de son origine et de ses caractéristiques. Les données de base nécessaires pour une nouvelle approche scientifique du vivant sont réunies. C'est dans ce cadre que vont se situer les travaux de Darwin après que le naturaliste Linné ait proposé, à la fin du XVIII° siècle, une première classification statique des animaux et des végétaux déjà recensés

Le mécanicisme et « les lumières »

La pensée scientifique moderne, celle qui utilise les mathématiques, est née en occident avec Kepler, Galilée et Newton au XVII° siècle. La découverte de la loi de la gravitation universelle par Newton eut une influence philosophique considérable. Elle démontrait en effet que, obéissant à une loi rationnelle, le Monde doit être ordonné et explicable par la raison. Donc les lois qui le gouvernent sont accessibles à l'esprit humain. Dans une première étape qui a duré près de deux siècles, les remarquables succès dus aux applications de l'axiomatisation de la mécanique newtonienne ont conduit à une tentative d'unification des connaissances du monde matériel. Adeptes du dogme des absolus, les scientifiques et philosophes de l'époque étaient convaincus qu'il n'existe qu'une seule méthode conduisant à l'intelligibilité du monde : le mécanicisme ou « tout mécanique ». Cette période s'accompagna d'une plus grande mathématisation des sciences, en particulier à la suite des travaux de R. Descartes et de G. Leibniz qui ouvraient des voies nouvelles, notamment avec la mise au point du calcul différentiel et intégral.

Le mécanicisme consiste à vouloir expliquer tous les phénomènes physiques par des interactions entre particules et mécanismes pourvus de propriétés mécaniques parfaites. Descartes, qui en est l'un des promoteurs avec le père Mersenne, prétend expliquer tous les phénomènes par les lois du choc bien connues, associées à des principes mécaniques simples issus de l'expérience courante. L'aboutissement va être la théorie de l'animal-machine de Descartes pour lequel il a déclaré :« *on peut fort bien comparer les nerfs de la machine que je vous décris aux tuyaux des machines de fontaines ; ses muscles et ses tendons aux autres divers engins et ressorts qui servent à les mouvoir* ». Le médecin philosophe O. La Mettrie poursuivra dans cette voie avec *l'Homme machine* (1747) dans lequel il rejette toute forme de dualisme. Le mouvement mécaniciste avec son monisme eut une grande influence dans la plupart des domaines de la pensée des philosophes des XVII° et XVIII° siècles, notamment chez les matérialistes et les positivistes. Deux siècles plus tard, Einstein réfutera cette conception qui perdurait, notamment avec l'ouvrage du physicien mécanicien E. Mach intitulé *La mécanique. Exposé historique et critique de son développement* (1883). Ouvrage qui influença sa jeunesse.

Le mécanicisme est l'expression d'un rationalisme primaire (au sens de premier) d'hommes de la Renaissance qui croient en l'existence d'un savoir absolu inhérent à la toute-puissance supposée de la Raison. Au siècle suivant, les progrès des mathématiques et des techniques, la compréhension de certains phénomènes physiques, dont l'électricité et l'optique, fournissent cependant des faits physiques nouveaux qui montrent que le cadre fixé par le mécanicisme devient trop étroit. Et il en va d'ailleurs de même avec les travaux des naturalistes, ceux de Linné, Buffon, Lamarck et de quelques autres. Dans le même temps, le mouvement des idées nouvelles s'étend en Europe et suscite des débats.

Au XVIII° siècle apparut le mouvement intellectuel des Lumières qui, en réaction contre « l'obscurantisme religieux », la superstition et l'intolérance, se proposait de promouvoir rationnellement les connaissances nouvelles. Ce que feront Diderot et D'Alembert pendant une vingtaine d'années avec la rédaction de L'*Encyclopédie ou Dictionnaire des sciences des arts et des métiers* (1751-1772 ; 28 volumes) remarquable synthèse des connaissances de l'époque. Publication destinée à l'éducation du public qui donna lieu à de nombreux travaux annexes tout en suscitant d'importantes réactions politiques.

Pour les encyclopédistes, dont D'Alembert, la mécanique est une science absolue que rien ne peut remettre en question, pas même l'expérience. Avec pour conséquence le fait que posséder une théorie finie, dont les principes de base sont censés être intangibles, aboutit à une pensée fermée. Pensée hermétique au progrès puisqu'étant absolue, elle n'est pas susceptible de quelque remise en cause que ce soit. Croyance en contradiction avec un certain esprit des Lumières qui postulait, comme Condorcet, une ère ouverte au progrès perpétuel.

De fait, au cours du XIX° siècle le progrès technologique et l'acquisition de connaissances nouvelles vont faire apparaître les premiers éléments tangibles conduisant à une remise en cause de certaines connaissances. Par exemple un problème critique est posé par les géologues avec leurs travaux qui font faire un bond considérable à l'âge estimé de la Terre. Découverte qui va poser des questions aux naturalistes, mais également de graves problèmes idéologiques aux religieux de tous ordres. L'électromagnétisme avec J. C. Maxwell va soulever de délicates questions à propos de l'éther. La chimie classique va se heurter à l'hypothèse atomique suscitant des difficultés de principe. L'une de ses plus vives contestations proviendra de M. Berthelot, chimiste et homme politique de premier plan.

Si au XVIII° siècle on a assisté au triomphe des idées des Lumières, au siècle suivant s'amorce une régression de cette pensée rationaliste primaire qui restait empreinte d'un certain passéisme. Notamment avec ses absolus et son mécanicisme devenu trop étroit pour une physique expérimentale en évolution rapide. C'est dans un tel contexte que va émerger un véritable renouveau de la pensée et de la méthodologie scientifique. Elle sera d'abord caractérisée par l'œuvre de Charles Darwin qui va élaborer une véritable science nouvelle : celle du vivant qui deviendra la biologie. Quelque temps après, une seconde révolution intellectuelle marquera la fin du mécanicisme newtonien, de ses absolus et de sa finalité. Elle sera due à Albert Einstein, fondateur de la cosmologie, nouvelle science de l'Univers. On lui doit également une large contribution à l'établissement des bases de la physique du microcosme, la théorie quantique.

Chapitre 2

L'Ébranlement du fixisme

L'idée générale d'évolution, celle du Monde dans son ensemble comme dans son contenu, ne tombe pas sous le sens commun : certes, l'environnement local change, mais les déplacements du Soleil, de la Lune et des quelques planètes visibles à l'œil nu présentent une régularité apparente telle que rien ne semble pouvoir les perturber. C'est pourquoi, à de très rares exceptions près, depuis la plus Haute Antiquité les penseurs et philosophes gréco-romains ont, dans leurs raisonnements et leurs spéculations diverses, considéré que la Nature, - expression prise dans son sens général - est absolument stable, c'est-à-dire fixe. Où, plus précisément, qu'elle est invariable dans ses structures comme dans l'ordre de ses mouvements. En d'autres termes, ils ont ignoré la question de son éventuelle évolution au cours du temps. Notamment Aristote (IV° siècle av. notre ère) dont les idées ont servi de référence, en Europe, jusqu'au milieu du XVI° siècle. Dans ses traités sur la Nature, le Stagirite considère explicitement qu'il y a invariance absolue de l'ordre universel, dont celui du vivant tant pour les animaux que pour les plantes. Il en va de même pour son modèle de Monde qui, à son époque, se réduit à la seule partie observable à l'œil nu de quelques planètes du système solaire. Étant donc apparemment limité, Aristote le divise en deux parties : le monde sublunaire, la Terre, et le monde supralunaire, le ciel et les astres. Ce dernier, d'essence divine autosuffisante, est déclaré parfait, strictement éternel et absolument invariable.

Il faut cependant remarquer que de rares Présocratiques, dont Héraclite *(le mobilisme)* et Empédocle (« *de l'Un sortit le Multiple* »), considèrent que le Monde se transforme en permanence. Idée reprise quelques siècles plus tard par Epicure (*pluralité des Mondes* et hypothèse de l'*atome*) et Lucrèce (*De rerum natura*) qui introduisent une certaine forme d'indéterminé dans les développements de la Nature. Mais ces essais, qui sont en franche contradiction avec les idées des contemporains, ne retiennent absolument pas l'attention de la communauté intellectuelle de l'époque.

L'héliocentrisme

Pour des raisons tant idéologiques que doctrinales, le fixisme, aussi bien biologique que cosmologique, va dominer la pensée intellectuelle et religieuse occidentale jusqu'au carrefour des XVI° et XVII° siècles. Le premier choc que va subir la conception immuable du cosmos géocentrique est dû au Chanoine polonais Nicolas Copernic (1473-1543) qui, en 1530 (*De Revolutionibus Orbium Coelestium*) va établir par le calcul un nouveau modèle de système solaire : l'héliocentrisme. Comme son nom l'indique, ce système définit le Soleil comme centre supposé fixe autour duquel se déplacent les planètes, Terre comprise. C'est une révolution. Il se substitue au modèle géocentrique établi au II° siècle de notre ère par Claude Ptolémée (*L'Almageste*), version améliorée d'Aristote. L'interprétation des observations célestes, les mouvements des planètes, se heurtait de plus en plus à des difficultés que parvint à résoudre le modèle de Copernic, d'où son intérêt théorique.

Mais en pratique c'est une proposition idéologiquement dangereuse, car remettant en cause la fixité terrestre, donc le centre biblique du Monde. Cependant, curieusement, les travaux de Copernic n'attirèrent guère l'attention des Autorités religieuses pourtant doctrinalement intransigeantes pour tout ce qui concerne le Dogme, ici le fixisme géocentrique affirmé dans le Livre de la Genèse. Il semble en effet que, dans un premier temps, ces Autorités n'aient pas perçu le danger potentiel que constituaient ces travaux, les considérant plutôt comme une astuce calculatoire permettant d'obtenir plus de précision dans l'établissement des tables astronomiques fournissant des prévisions sur certains évènements célestes.

Dans la pratique, l'héliocentrisme constitue un progrès considérable pour la compréhension et l'interprétation de la dynamique du système solaire, et planétaire. Avec les remarquables observations de Tycho Brahe (1546-1601), l'astronome (et astrologue) J. Kepler (1571-1630) va établir les célèbres tables Rudolphines (1627), tables numériques à l'usage des astronomes (et astrologues) permettant, en particulier, de calculer avec précision les éclipses (et les horoscopes). Il précisera également la dynamique du système solaire, rendant compte de certaines anomalies observées, telles celles de la planète Mars, que ne pouvait expliquer le modèle géocentrique.

Cette passivité des religieux ne va pas durer, la situation se dégradant assez rapidement avec les observations et les travaux de Galilée (*Sidereus nuncius, 1610*) qui confirmeront l'héliocentrisme et conduiront à son procès, en 1633. Procès dans lequel le cœur du problème est précisément la contestation galiléenne du géocentrisme c'est-à-dire celle du fixisme de la Terre. Pourtant, à la même époque, les observations astronomiques de Galilée infirmant ce fixisme terrestre sont mathématiquement confirmées par les trois lois dynamiques de Kepler. Peu après, les travaux de Newton (1642-1727) vont établir les bases de la mécanique rationnelle qui va permettre de modéliser mathématiquement l'héliocentrique. N'étant donc plus mathématiquement réfutable, celui-ci est définitivement accepté par les scientifiques, sinon par les religieux, à la fin du XVII° siècle.

Linné et la systématique

La remise en cause du fixisme biologique est plus nuancée que celle concernant le Monde sidéral. Jusqu'au XVIII° siècle la pensée occidentale et les grandes institutions savantes sont dominées par les puissances religieuses. Donc tout autant soumises aux contraintes des Textes Sacrés. Aussi sont-elles toutes fondamentalement créationnistes, tant pour ce qui concerne l'essence du Monde que pour ce qu'il contient. Avec pour conséquence que, dans ses créations, la Nature est absolument immuable. Il est inconcevable que les différentes espèces vivantes puissent se transformer les unes en les autres, d'autant que chacune d'elles est censée posséder une finalité propre qui lui est dévolue par le Créateur. Il est cependant concédé, dans certaines espèces, la possibilité d'existence de modestes degrés internes de liberté pouvant conduire au concept de race comme le montrent l'élevage et la sélection domestique.

Le fixisme biologique conduit logiquement à envisager une classification stable des différentes espèces animales et végétales identifiées puisque, étant d'essence divine, elles sont censées être atemporelles. Le premier essai, dû à Aristote, traite des quelques cinq cents animaux connus à son époque. Mais il faut attendre le XVIII° siècle pour qu'une véritable tentative de classification du vivant, fondée sur l'observation, soit envisagée. Elle est due au naturaliste créationniste, donc fixiste, Carl Von Linné (1707-1778) qui, ayant en tant que tel une conception biblique de l'origine du vivant, pense que l'invariabilité de la Création doit se traduire par un certain ordre divin caractéristique qu'il se propose de découvrir. D'ou sa mise au point d'une classification naturelle (*Systema Naturae 1735*). Il établit les bases d'une méthode objective de classement scientifique systématique et hiérarchisé et propose une nomenclature universelle binomiale des différents organismes (deux noms latins : genre et espèce) auxquels il adjoint deux autres échelons : l'ordre et la classe. Il divise le vivant en trois règnes : animal, végétal et minéral. L'espèce *Homo sapiens* est décrite par Linné dans l'édition de son ouvrage datant de 1758. Il place l'homme en tête des Quadrupèdes anthropomorphes, catégorie comportant également le singe et le paresseux. Ce qui ne manque pas de heurter ses contemporains ! C'est à ce propos qu'il introduit le concept de race affectée de caractéristiques endémiques. Plus tard, et après différentes modifications et ajouts, cette méthode systématique deviendra la nomenclature standard dont le principe subsistera jusqu'au XX° siècle.

Bien que fixiste, vers la fin de sa vie Linné s'interroge tout de même sur l'étrange proximité de certaines espèces, ce qui rend leur classification délicate. Mais, curieusement, alors que l'idée d'évolution apparaît implicitement dans ses travaux, il semble l'ignorer et il n'en tire aucune conclusion, aucune interprétation.

A la même époque, le naturaliste et philosophe G. Buffon (1707-1788) est l'auteur d'une œuvre magistrale : *L'Histoire Naturelle, générale et particulière, avec la description du Cabinet du Roi* (36 Volumes) qui contient à peu près tout le savoir des « sciences naturelles » de son temps. Intendant du Jardin du roi, Buffon gère *Le Cabinet d'Histoire Naturelle du roi*, qu'il va doter de la collection scientifique la plus développée d'Europe, véritable trésor pour les chercheurs. Il conteste la classification de Linné et propose une autre approche, mais sans lendemain, car trop subjective. Dans ses œuvres, Buffon est conduit à étudier un nombre important d'espèces animales et végétales. En particulier, il remarque les étranges ressemblances existant entre l'homme et le singe, la « pensée » exclue. C'est un précurseur de l'anatomie comparative. Dans l'ensemble considérable de ses travaux de naturaliste, apparaissent également différentes ressemblances et proximités entre plusieurs groupes d'espèces voisines. Cependant, comme Linné, Buffon n'en tirera aucune interprétation.

Lamarck et le transformisme

Les présupposés de la classification de Linné et différentes observations morphologiques de découverte récente vont accentuer les difficultés rencontrées dans l'étude et le classement de certaines séries vivantes. Elles conduiront, vers la fin du XVIII° siècle, au concept de Transformisme qui contient en germe l'idée d'une possible transformation des espèces vivantes, idée dont s'inspirera Darwin. C'est un pas conceptuel considérable dans un monde figé au sein duquel la création de formes vivantes nouvelles est inconcevable au regard des idées religieuses du temps et de l'emprise de l'Eglise. Pourtant, la croyance en la génération spontanée, l'abiogenèse, est unanimement acceptée. Pour éviter la contradiction, il est implicitement admis qu'elle ne peut innover !

Le principal initiateur du transformisme fut le zoologiste J.B. Lamarck (1744-1829) considéré comme l'un des promoteurs des « sciences du vivant ». Il adopta la classification binaire de Linné, par genre et espèce, pour les végétaux, sa méthode dichotomique permettant leur identification rapide. Mais il a été principalement un pionnier de la classification des vertébrés et c'est leur observation qui le conduisit au concept de transformisme, une première ébauche de l'évolution biologique, mais qui restait limitée au sein d'une même espèce. Il commença par introduire une idée-force nouvelle, celle de l'unité du vivant, unité allant du plus simple au plus complexe, c'est-à-dire jusqu'à l'homme. Cela admis, Lamarck constata que dans certaines séries les différentes espèces se modifient au cours du temps et peuvent ainsi engendrer de nouvelles espèces. C'est donc à

Lamarck qu'est due cette hypothèse tout à fait nouvelle, et iconoclaste, d'une sorte de possibilité de création de nouveau dans le vivant. Hypothèse allant frontalement contre les idées de l'époque.

Un peu rapidement, car sans véritable élément pour en décider, Lamarck déduisit l'hérédité des caractères acquis : « *Tout ce qui a été acquis, tracé ou changé, dans l'organisation des individus, pendant le cours de leur vie, est conservé par la génération, et transmis aux nouveaux individus qui proviennent de ceux qui ont éprouvé ces changements* ». De plus, il introduisit l'hypothèse de la complexification croissante des espèces en développement, hypothèse qui fera l'objet de contestations.

Finalement, le transformisme de Lamarck connaîtra l'échec, car son auteur n'en fournira pas d'explication satisfaisante. De plus, il se heurtera à une violente opposition aussi bien de la part des Autorités religieuses n'admettant pas la moindre contestation du Dogme, que des fixistes dont le redouté Cuvier était l'un des chefs de file.

Cuvier et le catastrophisme

Le vivant n'est pas le seul à soulever des difficultés. Ainsi les classements des séries fossiles font apparaître un certain nombre de problèmes, particulièrement dans les travaux de l'un des fondateurs de l'anatomie comparée et de la paléontologie, J.L. Cuvier (1769-1832). Il énonce le principe de subordinations des organes qui, associé à une étude de corrélation des formes, permet une classification naturelle des animaux. Méthode que Cuvier applique à l'étude des vertébrés. Il en tire une classification détaillée du règne animal, créant une vision nouvelle du monde des espèces. À la suite d'une série d'observations, associée à différentes considérations géologiques, Cuvier déduit que certains animaux et végétaux ont disparu de la biosphère. Et, à partir de quelques débris fossiles, il parvient même à la reconstitution anatomique de certains d'entre eux et à les situer dans son classement. C'est évidemment un choc profond pour le dogme de l'invariance de la création biblique.

C'est pourquoi, en tant que fixiste irréductible, et particulièrement combatif, Cuvier se doit de trouver une explication conforme au Dogme, expliquant cette disparition d'espèces anciennes. Explication autre que le transformisme et son soupçon d'évolutisme inacceptable pour le fixisme intransigeant qu'il représente. D'ailleurs Cuvier rejette aussi violemment les idées de Lamarck que l'homme lui même !

C'est alors que Cuvier va imaginer une théorie originale : le Catastrophisme. Probablement inspiré par le mythe biblique du Déluge, il suppose que la Terre aurait été soumise à de puissants cycles de transformations physiques cataclysmiques majeures, qu'il appelle des « révolutions du globe ». Par leur ampleur et leur violence, ces grands bouleversements terrestres tels que ceux provoqués par des séismes ou des inondations, engendreraient des extinctions massives de populations entières dont il ne resterait que quelques fossiles en plus ou moins mauvais état. À la suite de ces transformations, il y aurait un renouvellement du peuplement terrestre par apparition d'espèces nouvelles ce qui expliquerait les divergences de certaines observations tout en sauvegardant le fixisme. Cette théorie pose cependant une question de principe : pourquoi un tel processus irait-il dans le sens d'un accroissement de la biodiversité observée alors qu'il devrait plutôt jouer le rôle de filtre sélecteur ?

Pourtant, avec le catastrophisme Cuvier remanie profondément les bases de la géologie, notamment en lui fournissant des moyens efficaces de datation des différentes couches terrestres, précisément grâce aux fossiles qu'elles contiennent. Et, puisque par ses travaux il ne contrevient pas au dogme biblique, Cuvier remporte l'adhésion des autorités plutôt que le transformisme et son auteur. Il sera cependant le dernier acteur important et actif du fixisme.

Lyell et la géologie

À partir des idées nouvelles apportées par le transformisme et le catastrophisme, au cours du XIX° siècle, le fixisme, corollaire des interprétations bibliques, commença par soulever quelques interrogations, voire quelques doutes ! Ce fut particulièrement le cas pour le géologue C. Lyell (1797-1875) qui, au début de sa carrière, resta l'un des derniers partisans du fixisme. Puis ses travaux sur la classification des mollusques fossiles le conduisirent à douter et à s'interroger sur les justifications de cette hypothèse.

Lyell est l'un des initiateurs d'une méthode originale consistant à étudier la superposition et la composition des différentes couches géologiques, ou strates, dans des régions ou elles sont caractéristiques, dont le sud de la France et l'Italie. Leur contenu en fossiles est essentiel pour les datations et la reconstitution de l'histoire géologique locale. C'est par cette méthode que Lyell établit les bases d'une discipline nouvelle : la stratigraphie. À la suite de travaux divisant les temps géologiques en trois ères, il propose d'affecter ses observations à l'ère *tertiaire* (ère actuelle, dite *Cénozoïque)* qu'il subdivise en trois parties en fonction de la densité de mollusques fossiles découverts dans les différentes strates, subdivisions qui seront redéfinies et complétées par la suite.

Lyell est l'un des avocats de l'Uniformitarisme (« *Le présent est la clé du passé »,* exposé dans les *Principes de géologie - 1833*), hypothèse frontalement opposée au catastrophisme. Selon cette théorie, la Terre se façonne lentement sur de très longs intervalles de temps, sous l'action de processus physiques naturels quasi permanents qui sont à l'œuvre depuis les époques les plus reculées. Cette théorie a eu un rôle important en donnant à la géologie ses premières bases scientifiques bien qu'elle n'ait pas résisté aux progrès de la discipline. Et il s'agissait, là aussi, d'une vision en formelle contradiction avec les Textes Sacrés. Nous allons y revenir.

Lyell, ami proche de Darwin, fut l'un des soutiens les plus actifs de ses travaux. Il en fut d'ailleurs l'un des inspirateurs. Mais il resta critique vis-à-vis de la sélection naturelle en tant que force motrice de l'évolution. Cependant, outre ses propres résultats, la découverte de l'homme de Neandertal, en1856, provoqua son vif intérêt. C'est ainsi qu'il publiera, en 1863, un ouvrage intitulé : *L'ancienneté de l'homme prouvée par la géologie et remarques sur les théories relatives à l'origine des espèces par variation*, ouvrage inspiré par des découvertes archéologiques récentes. Et c'est un élève de Lyell, W. King qui, en 1864, donnera à cet Homo préhistorique son nom scientifique : *Homo neanderthalensis*.

Le transformisme, devenu l'évolutionnisme avec Darwin, intéressera les milieux scientifiques avancés vers la fin du XIX°. Il n'en reste pas moins vrai que, pour des raisons dogmatiques et idéologiques, un relent de fixisme perdurera, sous différentes formes, dans certains milieux à caractère essentiellement religieux et philosophique du fait de son association au créationnisme.

L'âge de la terre

On a vu que, dans le modèle cosmique d'Aristote, la Terre constitue le Monde sublunaire qui est imparfait et corruptible, bien qu'éternel. Cette éternité aristotélicienne est en désaccord avec le récit des origines de la Genèse et des évènements racontés par les religions du Livre à propos des « *six jours (plus un)* » de la création biblique du Monde. Ce qui pose la question de l'âge de la Terre.

C'est à partir du XVI° siècle que des exégètes tentent d'extraire des textes bibliques des informations pour répondre à ces questions. Après près de deux cents estimations tirées de travaux les plus divers sur des données bibliques, et de quelques spéculations, les scolastiques s'accordent sur un âge terrestre compris entre 3500 et 7000 ans. La question est épineuse et sujette à controverses pour différentes raisons techniques de datations, c'est-à-dire de calendriers utilisés. Par exemple, le célèbre archevêque anglais James Ussher va, en 1650, jusqu'à calculer le jour et l'heure de la Création terrestre et celle de l'homme (23 octobre année – 4004 à 21 heures !) qui sont le fait de l'action divine de la Trinité. Ces chronologies étriquées perdureront jusqu'à la fin du XVIII° siècle.

La situation commence à changer avec E. Halley, astronome qui, par l'étude de la salinité océanique rapportée à celle des transferts fluviaux, estime que la Terre doit être beaucoup plus âgée que le prétendent les estimations bibliques. Fait confirmé par différentes spéculations sur l'érosion des reliefs (H. Gantier), la variation du niveau des mers (Benoit de Maillet ; *Le Telliamed* 1755), estimation qui atteignent les centaines de milliers d'années. A la fin du XVIII°, et compte tenu des progrès de la géologie et de la prise de conscience de la lenteur de ses processus naturels, on commence à admettre que l'âge de la Terre est certainement beaucoup plus élevé que celui issus des estimations bibliques. Au XIX° les estimations se situent dans la gamme des millions d'années, faits confirmés par l'astronomie à partir de l'étude de la propagation de la lumière des étoiles : il apparaît qu'elle devrait mettre plusieurs millions d'années pour nous parvenir.

Pour Darwin, un âge de l'ordre de 300 millions d'années résultant d'estimations personnelles, lui semblait suffisant pour la réalisation des mécanismes dynamiques de sa théorie.

L'observation d'un âge de plus en plus avancé de la planète est en accord avec l'uniformitarisme de Lyell et ses très longues périodes de transformations géologiques. Mais cette hypothèse est très controversée par un physicien de renom, William Thomson, plus connu sous le nom de lord Kelvin (1824-1907), spécialiste reconnu, en particulier en thermodynamique (l'un des auteurs du deuxième principe, pré-atomiste). En tant que théiste convaincu, Thomson est opposé à l'uniformitarisme et au gradualisme de Darwin. Pour contrer ce dernier, il se propose de calculer l'âge de la Terre par une méthode thermodynamique appliquée au calcul du temps de son refroidissement thermique en la supposant créée à haute température. Il en extrait une fourchette trop étroite (entre 20-400 millions d'années) pour être convaincante. Et il entre en conflit avec les géologues qui ont des arguments plus pertinents sur la durée des phénomènes géologiques façonnant la surface du globe.

Remarquons que l'idée de l'utilisation du refroidissement terrestre avait déjà été utilisée un siècle plus tôt par Buffon. Cependant les tentatives de ces deux auteurs étaient nécessairement vouées à l'échec, car ils ignoraient l'existence d'un paramètre fondamental : la radioactivité terrestre dont le rôle thermique est majeur. Depuis, et grâce à ce phénomène – valeur confirmée par la géologie et la biologie –, il apparaît que la Terre a émergé de la nébuleuse solaire il y a 4,55 milliards d'années. Ce résultat est dû au géochimiste américain C. Patterson (1953) avec une très faible marge d'erreur : +ou- 50 millions d'années.

Observons à ce propos une autre manifestation inopportune du dogme du fixisme : alors que l'astronome-climatologue germanique A. Wegener a été le premier à proposer la théorie de la dérive des continents dans son ouvrage *La Genèse des continents et des océans* (1915), son hypothèse reçut une fin de non-recevoir au nom du fixisme du manteau terrestre. Il fallut attendre les années soixante pour que cette hypothèse soit enfin acceptée.

Les premières traces de vie seraient apparues 600 à 700 millions d'années plus tard. Le maintien puis le développement d'une vie complexifiante nécessitaient une structuration adaptée du milieu. Par exemple, il a fallu attendre une certaine stabilisation des continents, avec l'Orosirien (~ à –2 milliards d'années), pour qu'apparaissent les premiers eucaryotes. Si cette évolution du milieu n'avait pas été le fait d'évènements fortuits, aucune convergence vers des formes plus évoluées n'aurait été possible. Ce qui atteste le rôle du hasard dans l'apparition de l'Homo sapiens.

Notons que l'on détermine l'âge de l'Univers par la mesure de la constante de Hubble caractéristique de son expansion, comme nous le verrons. La valeur actuellement la plus précise est de 13, 8 milliards d'années à une quarantaine de millions d'années près. Il existe d'autres méthodes de mesure donnant des valeurs convergentes.

Fixisme et transformisme

Pour Lamarck le transformisme, c'est-à-dire une certaine suspicion d'évolution qu'il attribue à l'environnement, est une nécessité pour l'interprétation de ses travaux. Il observe que ces modifications s'accompagnent d'une complexification croissante. Après s'être imposé jusqu'au début du XIX°, le transformisme a été mis en échec par Darwin, notamment à cause de son hypothèse de la transmission des caractères acquis et sa formule selon laquelle « *la fonction crée l'organe* ». Le grand-père de Darwin, médecin, s'est intéressé à cette théorie.

P.L. Moreau de Maupertuis (1698-1759), bien que plus connu pour ses travaux de mathématicien, s'est également interrogé sur les sciences naturelles. Il a notamment émis l'hypothèse selon laquelle les premières formes de vie seraient apparues par génération spontanée, dues au hasard, et que le vivant serait trop diversifié pour résulter d'un unique dessein. Dans son *Essai sur la formation de corps organisés (1754),* il envisage l'apparition de nouvelles espèces par une sélection artificielle qui suggère déjà une ébauche de l'idée de transformisme. Mais étant essentialiste – chaque espèce est taxonomiquement distincte de ses voisines –, il ne pouvait pas concevoir un mécanisme spécifique de l'évolution. Ses idées sur le rôle du hasard, de l'accumulation des erreurs individuelles et de la sélection qui deviendrait alors naturelle, seront reprises par Darwin.

Le passage du fixisme au transformisme, à la fin du XVIII° siècle, a représenté, en Occident, l'amorce d'un changement idéologique profond, aussi bien dans l'étude du vivant que dans les conceptions philosophico-religieuses de différentes communautés. Ce qui n'a pas manqué de susciter de vives oppositions.

Réflexions sur le fixisme

Il est surprenant, au regard de l'état des connaissances et des sciences de ce siècle, de constater qu'il a fallu près de deux millénaires, depuis les origines gréco-romaines de notre civilisation, pour prendre conscience d'une caractéristique pourtant quotidiennement observable : tout milieu change au cours du temps. En d'autres termes, l'évolution façonne le Monde. Sa négation, le fixisme, acceptable aux époques primitives, n'est en réalité qu'apparence que quelques très rares philosophes, cités par Lucrèce (*De rerum natura* I° siècle ? av. JC), avaient cependant remarqué. À cette situation inusitée, parmi d'autres, trois raisons peuvent être invoquées.

Première raison : l'idéologie

Il s'agit d'une cause illustrant la puissance de l'idéologie dans le raisonnement, donc dans l'histoire de la connaissance humaine. La persistance du fixisme résulte de l'influence congruente de l'aristotélisme qui régnait en maître et du dogme religieux qui s'y référait. Ce concept procède a priori d'une Nature immuable et rassurante stratifiée par le fait d'un Créateur conditionnant tout observateur à une mésinterprétation de son environnement. En effet, les conceptions philosophiques du Stagirite qui domineront l'Europe pendant près de vingt siècles, se heurteront rapidement au christianisme peu après son apparition. Une première tentative de conciliation sera le fait d'Augustin d'Hippone (354-430), principal penseur religieux de l'époque, qui proposera une première intégration par le christianisme de la philosophie gréco-romaine récemment redécouverte. Près d'un millénaire plus tard, le relais sera repris par Thomas d'Aquin (1224 /25-1274), réaliste aristotélicien et l'un des maîtres de la scolastique qui, dans une œuvre théologique magistrale, proposera un essai de synthèse entre Foi, celle de la pensée chrétienne, et Raison, celle de la philosophie d'Aristote. Il fait de celle-ci la servante de la théologie (« *philosophia ancilla theologiae* »), le but étant « la recherche de la vérité » comme l'expose sa *Somme théologique*. Bien qu'il y fasse longuement référence à la Nature, il ne se pose guère de questions à son sujet, se bornant au récit de la Création racontée dans les Textes sacrés.

Deuxième raison : une conception primitive du temps.

Bien qu'il s'agisse d'une propriété essentielle dans le fonctionnement de l'Univers, comme dans celui des jours, le temps est un concept subtil, difficile à saisir. Il n'est pas aisé de comprendre que, intrinsèquement, *le temps n'est pas physiquement définissable, seuls les intervalles de temps le sont (« la durée »)*. Ce qui exige des « compte temps », synchronisés. Opération physique délicate dont on ne saisira toute la difficulté et la portée qu'après que Einstein en aura discuté et précisé les termes, comme nous le verrons.

Dans la *Physique* d'Aristote, il y a un discours sur le temps à propos duquel l'auteur, en posant la question même de son existence, discute de la subtilité de la question. Il le fait à travers le « paradoxe du temps » : « *le temps n'existe pas puisqu'il est composé du passé qui n'est plus et du futur qui n'est pas encore alors que le présent est évanescent* ». Il déclare que : « *lorsque nous percevons l'antérieur et le postérieur, alors nous disons qu'il y a du temps, car voilà ce qu'est le temps : le nombre du mouvement selon l'antérieur et le postérieur* ». Aristote ajoute : « *le temps est mesure du mouvement, le temps est nombre* ». Ce point de vue n'est pas opératoire.

Thomas d'Aquin a une curieuse conception du temps : dans La *Somme théologique* il distingue trois états : l'éternité sans commencement ni fin, *l'aevum* qui a un commencement et pas de fin, enfin le temps qui a un commencement et une fin (« *la fin des temps* »).

Il y eu également confusion entre « permanence » et « temps » : « *La permanence exprime en général le temps, comme le corrélatif constant de toute existence des phénomènes, de tout changement et de toute simultanéité* » (Kant).

Toutefois ces ambiguïtés sur le temps n'empêcheront pas les travaux des scientifiques et astronomes de la Renaissance, mais il faudra attendre Newton pour clarifier son statut : il en fera un absolu universel, pensant probablement clore la question. Erreur, comme le montrera Einstein. Nous allons y revenir.

Troisième raison : la confusion entre « philosophie » et « connaissances scientifiques ».

Dans le passé, c'est le terme « philosophie » qui était généralement utilisé pour discourir sur « une recherche de la vérité » ou une réflexion sur le monde. La philosophie semble naître avec les présocratiques. Au sens aristotélicien, ou médiéval, elle est considérée comme la science « *des premiers principes et des causes premières* ». Jusqu'au XVIII° siècle l'histoire de la philosophie intègre intimement l'ensemble des différentes connaissances scientifiques et autres. C'est ainsi que de grands philosophes furent tout autant de grands savants : Descartes, Leibniz, Pascal… qui ne manquaient cependant pas de faire la distinction entre leurs différentes activités. La séparation effective eut lieu à l'époque des Lumières dont ce fut l'un des grands acquis. Cette disjonction entre « philosophie » et « connaissance scientifique » instaura le progrès en tant que finalité et contesta la religion révélée et son emprise sur les enseignements et la société. Elle resta cependant théiste. L'œuvre de Kant marqua ce tournant conceptuel.

Et sur le concept de théorie

Le terme de « théorie » étant polysémique, il existe des ambiguïtés quant à ses utilisations. Son application à la science serait apparue vers la fin du XV° siècle, mais il ne fut guère utilisé avant les travaux de Descartes et Pascal. Il fallut, en effet, trouver un nouveau cadre pour organiser l'essor des connaissances nouvelles qui recouraient de plus en plus aux mathématiques. Ce fut le cas des lois du mouvement de Newton qui constituent un exemple type de ce qui peut constituer une théorie scientifique, celle de la mécanique rationnelle. Ce concept s'est peu à peu imposé, en particulier en mathématique et en physique avant d'être étendu à d'autres disciplines. Il se trouve cependant que, assez fréquemment, est qualifié de « théorie » un ensemble de spéculations sans véritables fondements ni unité, ce qui est un abus de langage, d'où les précisions qui suivent.

Dans les sciences exactes, une théorie est un modèle constituant un cadre de travail reposant sur une structure mathématique dérivée d'un ensemble de postulats, principes, lois, hypothèses induites par l'accumulation de données prouvées aussi bien par l'observation et l'expérience (biologique) que de façon axiomatique (mathématiques et sciences exactes) et hypothético-logique. Avec les considérables progrès de l'informatique, et dans la mesure du possible, une théorie doit aussi permettre l'expérimentation numérique, nouvelle méthode de recherche, et pouvoir être soumise à des tests de modélisation permettant la vérification des résultats ainsi acquis.

Une théorie scientifique n'est pas qu'un processus déductif. Elle peut faire appel à l'induction (les ellipses de Kepler, la loi de sélection naturelle). Elle doit être en accord avec tous les faits à considérer et, si possible, en expliquer les mécanismes. Ce qui n'est pas toujours le cas de certaines théories complexes (Newton et le problème de l'orbite de la planète Mercure). Elle doit être falsifiable au sens de Popper[3] et adaptable à de nouveaux évènements (faits nouveaux et expérimentations). Elle doit être une explication et non une description. Et si possible être générative (la relativité générale et les trous noirs) et proposer quelque expérimentation critique c'est à dire non prédictible par la connaissance établie.

Enfin il est utile de rappeler que la « vérité » d'une théorie scientifique n'est pas axiomatiquement démontrable, seul son accord avec les observations et résultats expérimentaux acquis peut lui conférer un certain « degré de vraisemblance ». Et de vraisemblance *seulement*. En revanche, un seul résultat en désaccord suffit pour l'invalider. Elle doit alors soit être modifiée, soit avoir un champ d'application limité, doit être abandonnée. De toute façon une théorie, quelle qu'elle soit, ne peut que figurer une image de la réalité sans se confondre avec celle-ci. De plus, il convient de se souvenir que « calculer n'est pas expliquer ! »

[3] K. POPPER *Conjectures et réfutations. La croissance du savoir scientifique*. Payot (1953)

Pour conclure

La découverte de la multiplicité des fossiles par les paléontologues du Siècle des lumières obligea les fixistes à admettre qu'un nombre élevé d'espèces avait disparu au fil des âges. Ils furent donc contraints d'accepter l'existence du phénomène d'extinction. Le catastrophisme apportait un semblant d'explication, mais qui ne résista pas à l'analyse. En particulier cette théorie d'un fixisme par extinction aurait dû impliquer la décroissance du nombre des espèces et de la biodiversité. Or, en dépit de l'hypothèse du remplacement par la création divine, ce n'est manifestement pas ce qui est observé. Après ses travaux sur la classification des espèces, Lamarck va changer d'avis sur le fixisme de ses débuts. Il l'abandonnera après avoir pris conscience d'une contradiction fâcheuse entre l'hypothèse biblique de l'invariabilité d'un vivant supposé parfaitement adapté à son environnement et l'évidente variabilité géologique de celui-ci. D'où son hypothèse du transformisme. Mais qui ne fait que la moitié du chemin.

Au Siècle des Lumières, des savants, philosophes, écrivains et intellectuels s'opposèrent activement à la superstition, à la domination intellectuelle et à l'intolérance des Églises et des États. Certains retinrent les idées du transformisme, s'affranchissant d'une philosophie théologique fixiste de la Nature. Ces conceptions nouvelles, quoique mal accueillies par différents milieux, se répandirent en Europe et plus particulièrement en France où elles furent en partie diffusées par Diderot dans son *Encyclopédie*. Et la Convention introduisit l'enseignement de l'« *Histoire naturelle* ». Mais ce mouvement ne dépassa guère les milieux savants et intellectuels.

Après la contestation générale provoquée par la Révolution, des progrès furent observés dans l'adhésion à l'hypothèse du transformisme. Donc au déclin du fixisme. Pour l'histoire, celui-ci reste une forme d'un obscurantisme qui n'a pas entièrement disparu à notre époque. C'est, par exemple, le cas du dessein intelligent (*Intelligent Design*), mouvement pseudo-scientifique créationniste américain qui est fermement opposé à la théorie de l'évolution darwinienne et à son enseignement. Et qui ne manque pas de manifester certaines ambitions politiques.

Chapitre 3

Le hasard et la contingence

D'une façon générale, l'histoire de la connaissance montre que le hasard et la contingence jouent un grand rôle dans différentes sciences alors qu'il n'est pas toujours évident d'en préciser les termes, pas plus que leurs conséquences. Aussi leur interprétation peut-elle prêter à discussion selon les définitions et les usages envisagés. Pour ce qui concerne l'évolution du vivant, considérés en tant qu'éléments moteurs du changement, ces deux facteurs y tiennent une place primordiale comme processus initiateurs de la diversification, aussi bien en ce qui concerne le buissonnement que les modifications des espèces. Il en va de même concernant le contenu diversifié des constituants de l'Univers et de ses transformations matérielles. Dans toute théorie où il intervient, le hasard pose la question du déterminisme, c'est à dire de la causalité et de sa conservation dans le temps. Et il lui est attribué une fonctionnalité centrale dont l'importance n'est pas exempte de controverses.

Selon les théories actuelles, aussi bien la source de la vie que l'origine de l'Univers font actuellement l'objet de conjectures dans lesquelles l'imprévisible tient une large place. Dans leur développement temporel, les théories darwiniennes du vivant et einsteinienne du cosmos présentent bien des analogies liées à un même principe général d'évolution qui gouverne leur dynamique.

Le hasard

La définition du hasard pose un problème de principe puisque, précisément, il s'agit d'un processus qui n'obéit à aucune loi. Parler de « loi du hasard » est un aporisme. Longtemps on a pensé que le hasard ne faisait que traduire notre ignorance des causes de phénomènes que l'on supposait lui être soumis, mais qui nous étaient inaccessibles. On parlait « d'imprévisibilité », notamment dans les jeux dits « de hasard » qui furent à l'origine d'analyses spéculatives destinées à favoriser les pratiquants. Dans les sciences, le problème posé était celui du déterminisme. Par exemple, au début du XIX° siècle le mathématicien et physicien déterministe P.S. de Laplace se posait des questions concernant les évènements imprévisibles qui pourraient intervenir dans la stabilité et la prévisibilité évolutive du système solaire.

Il est possible de caractériser le hasard de différentes façons, l'une d'elles étant que, précisément, il s'oppose au concept de loi donc au déterminisme. Mais un tel point de vue est trop imprécis pour être opératoire. Dans son *Essai sur les fondements de nos connaissances et sur les caractères de la critique philosophique* (1851) le mathématicien A.A. Cournot en a donné une définition générale en déclarant que : *« le hasard résulte de la rencontre de deux séries causales indépendantes »*, définition qui connut le succès. Chaque série causale correspond à quelque événement déterministe, tant dans ses causes que dans ses effets, mais c'est la rencontre entre deux telles séries qui ne l'est pas. C'est l'imprévisibilité de cette intersection, indépendante du déroulement de chacun des processus déterministes en cause, qui crée le hasard. Cette définition présente le grand avantage de conserver le déterminisme des évènements associés aux séries, la difficulté étant de les identifier. C'est ainsi que, contrairement à une idée couramment acceptée, l'évolution d'un système mécanique déterministe peut ne pas être prévisible.

Les évènements fortuits rencontrés aussi bien en physique que dans le vivant sont innombrables. C'est, par exemple, le cas de la mutagenèse. Ou celui de la désintégration radioactive ou de la théorie quantique de la dynamique des particules élémentaires, phénomènes dans lesquels l'indéterminisme et l'incertitude sont inhérents à ces processus. La part du hasard est déterminante dans la formation et l'évolution des étoiles ou des trous noirs. C'est tout autant le cas en biologie avec les processus liés à la sélection naturelle ou dans la génétique des populations.

Le chaos déterministe se distingue du hasard par l'enchevêtrement de séries causales trop imbriquées pour être identifiées et analysées. Poincaré, dans son ouvrage *Calcul des probabilités* (1912), montre comment, dans des cas trop complexes, peut s'appliquer le calcul statistique. La plupart des théories d'apparition de la vie envisagent de telles séries physico-chimiques prébiotiques hautement réactives ayant convergé dans des conditions environnementales catalysantes tout à fait particulières.

On connaît également bien des formes de chaos non déterministes dont, par exemple, les structures dissipatives (échanges entre énergie et matière) étudiées par Y. Prigogine et qui correspondent à des systèmes non linéaires potentiellement non prédictibles. Et qui peuvent présenter des propriétés auto-organisatrices. De telles questions se rencontrent notamment dans différents problèmes de cosmologie et d'astrophysique, par exemple dans de possibles conditions d'apparition du big bang. Ou dans certaines études de formation des trous noirs ou des étoiles à partir de la dynamique de vastes mouvements de gaz stellaires auxquels sont associés de puissants et complexes phénomènes de condensation de matière cosmique. Le vivant présente également de telles propriétés.

Toute l'histoire du cosmos, comme celle du vivant, depuis les origines jusqu'à leur état actuel, résulte d'un ensemble infiniment enchevêtre de séries d'évènements aléatoires dans lesquelles le hasard et la contingence ont été, et restent les maitres du jeu de l'évolution.

Des avantages du hasard

N'étant pas contraint par une loi, le hasard possède un certain nombre de caractéristiques spécifiques tout à fait intéressantes. Remarquons d'abord que, dans la question qui nous occupe, un avantage considérable du hasard est d'être autonome, c'est-à-dire totalement indépendant de l'évolution. En effet, son caractère aléatoire n'étant pas quantifiable, aucun coefficient de qualité ne peut lui être attribué. En d'autres termes, déclarer « qu'il est « meilleur que »...ou « inférieur à »... » sont des expressions dénuées de signification. De ce fait, il n'a ni passé ni futur, pour lui le temps n'a pas de sens. Le hasard est donc indépendant de tout facteur temporel.

Corrélativement, et pour cette même raison, le hasard n'est pas non plus perfectible. Ce qui implique, autre avantage, que ses spécificités intrinsèques et conséquences sont non quantifiables ni améliorables. Bien évidemment, si ses effets perceptibles le sont, cela tient plus aux mécanismes et à des conditions correspondantes qui lui sont extérieures.

Remarquons également qu'une série aléatoire modifiée de façon aléatoire reste aléatoire. Il en résulte que l'erreur de transcription est invérifiable. Propriété d'un intérêt primordial dans les processus biologiques génomiques reproductifs et évolutifs. Et tout autant dans ceux de l'Univers impliquant des créations et des destructions : c'est, par exemple, le cas du rôle du hasard dans les chaînes radioactives au cœur du fonctionnement des étoiles, dans leur production de nouveaux éléments et dans leur durée et leur fin de vie.

Le fait de postuler, en biologie comme pour l'Univers, une origine, celle de la vie (comme celle de l'intelligence), ou celle du big bang, attribuée au hasard présente l'avantage suivant : comme celui-ci n'obéit à aucune loi, aucune hypothèse fondatrice n'est inférable ni nécessairement requise relativement aux conditions initiales et au système primordial déclencheur. Des questions telles que celle-ci : « d'ou viennent le principe ou la loi initiatrice ? » sont donc sans objet.

Enfin, et c'est essentiel, le hasard au sens de Cournot possède un potentiel certain de générativité. En effet, une série aléatoire n'est pas porteuse d'information. Mais des corrélations peuvent apparaître entre les séries entrant en intersection, lesquelles corrélations peuvent être porteuses d'information. Et ces propriétés persistent avec l'évolution des systèmes concernés. Dans les cas de la vie et de l'Univers, il y a accumulations et accroissements corrélationnels au cours du temps d'un nombre extraordinairement élevé de tels évènements fortuits qui sont la source principale potentielle de création de nouveau.

La contingence

Un système binaire tel que le passage d'un état à l'autre se produise de façon aléatoire, sous l'effet d'une cause indéterminée, est déclaré « contingent ». Plus généralement, un événement est dit contingent s'il peut soit se produire, soit ne pas se produire en fonction de circonstances indéterminées. On parle « d'effet, ou de probabilité de survenance ». En d'autres termes, la contingence est à l'opposé de la nécessité et elle contient sa part de hasard dans sa réalisation.

Le hasard et la contingence sont imprédictibles. Mais le premier ignore tout sens, toute finalité, il est lié aux coïncidences, à l'aléatoire à l'état pur. Ce qui n'est pas nécessairement le cas de la seconde qui peut dépendre de l'accidentel alors que les différentes possibilités peuvent avoir quelque finalité locale. En physique, le hasard est lié au concept d'entropie c'est-à-dire au désordre du second principe de la thermodynamique ou, précisément, l'état le plus probable d'un système fermé est le plus désordonné. De même les phénomènes radioactifs relèvent du seul hasard. La contingence ne contient pas intrinsèquement une idée de chaos et d'instabilité, le système considéré peut tout aussi bien être ordonné, ou non, dans l'une et l'autre, ou dans chacune de ses possibilités. Et la contingence peut traduire une évolution associée à un objectif plus ou moins localisé (finalisme fonctionnel local ou téléonomie[4]). Par exemple l'homme, issu de la branche des chordés, est l'aboutissement contingent de l'évolution : il aurait très bien pu ne pas être si...!

Et il se trouve que la contingence a une fonction essentielle en biologie. Dans *La vie est belle (*1991) S.J. Gould montre, dans l'étude des schistes de Burgess, que la contingence est le premier facteur du cheminement de l'évolution. Les fossiles primitifs y représentent une grande diversité (nombre d'espèces), mais ils sont construits selon le même plan, la sélection contingente passant de la disparité à la diversité.

---

[4] La téléonomie, au sens de J. Monod, désigne une forme de convergence évolutive spatio-temporelle mécanique *locale* pouvant donner l'apparence illusoire d'une finalité alors qu'il ne s'agit que d'un palier évolutif, fruit « du hasard et de la nécessité ».
À ne pas confondre avec la téléologie, ou finalité, qui n'est pas une hypothèse scientifique. La Nature est aveugle et « *ne veut rien* ».

Hasard et contingence

De façon plus générale, dans un processus physico-chimique quelconque soumis au hasard, il s'agit d'un facteur effectif alors que s'il est contingent, c'est un facteur hypothétique (accidentel). Le hasard est plutôt associé au mécanisme de l'évolution alors que la contingence l'est plutôt à son résultat. Ce qui montre que les deux sont complémentaires. Le second étant le plus souvent soumis au premier. On en voit les effets dans la recherche des causes plausibles de l'origine de l'Univers, celles du big bang, ou dans celles de l'inflation de l'Univers primordial, phénomène hyper expansif se produisant lors des tout premiers instants suivant le big bang. Selon les théories actuelles, nous verrons qu'il pourrait exister de nombreux Univers autres que le notre, les multivers, aux propriétés physiques tout à fait différentes. Et, comme dans les schistes de Burgess, ce serait précisément la contingence qui aurait finalement sélectionné celui dans lequel la vie est apparue en raison de ses particularités physiques. Et non, comme un point de vue anthropocentré le suggère, le nôtre qui aurait été adapté (par qui…, ?) aux conditions d'apparition de la vie ! Et il en va de même, par exemple, pour les nombreuses familles de particules élémentaires engendrées au cours big bang. Bien qu'ultra éphémères, elles étaient cependant nécessaires à la poursuite et à la convergence du processus primordial vers les atomes, les molécules, la matière et le rayonnement. Finalement vers la vie qui en est le fruit. On perçoit la complémentarité de la contingence et du hasard dans l'histoire des premiers instants de l'Univers. Et il en va de même dans la recherche des origines de la vie et de ses développements.

Pour résumer, on peut observer que le hasard caractérise un état qui correspond à un fait avéré alors que la contingence est une potentialité fortuite qui reste à réaliser.

Notons que la contingence et le hasard ont fait l'objet de nombreux travaux philosophiques.

Le hasard et la contingence dans l'Univers

Selon les théories actuelles, et comme dit ci-dessus, le hasard joue un rôle essentiel dans les processus qui sont à l'origine de l'Univers, le big bang étant attribué aux fluctuations de champs d'un certain vide quantique primordial. Il l'est également dans les différentes phases de son histoire. Par exemple on estime aujourd'hui que la répartition de matière des grandes structures cosmiques observées correspondrait à des fluctuations aléatoires de la densité de matière-énergie issue du big bang. On retrouve les traces de celles-ci dans l'étude du fond cosmique de rayonnement électromagnétique fossile micro-onde résultant de la libération des photons du plasma initial (400 000 ans après le big bang). Les explorations satellitaires les plus récentes montrent que, bien que de très faible amplitude, leur répartition en position et en intensité est aléatoire. Elles seraient associées à de complexes et lents processus évolutifs agissant sur des amas de gigantesques masses de gaz cosmique (des millions de milliards de masse solaire) au sein desquels de formidables effets dynamiques de compressions gravitationnelles et de prodigieux effets de rayonnements auraient abouti aux grandes structures galactiques. On constate que les effets du hasard sont présents et essentiels à toutes les étapes de la génération cosmo-stellaire.

Le hasard prédomine également à pratiquement tous les niveaux d'évolution : à l'origine de la répartition des multiples composants primordiaux, au rassemblement de la matière-énergie (échanges matière-rayonnements), à la formation des vastes nuages de matière cosmique (protons, hydrogène, poussières), aux mécanismes de leur dynamique, de leur condensation et de formation des assemblages qui en résultent. Et pratiquement à toutes les étapes interviennent des règles de sélection contingentes qui déterminent les durées de vie des interactions micro et macroscopiques et de leurs effets, donc éliminent les formes et arrangements les plus instables tout en favorisant des filiations plus ou moins contingentes. On remarque, toutes proportions gardées, une certaine analogie fonctionnelle d'un tel schéma général de diversification-sélection cosmique avec ceux rencontrés en paléobiologie, par exemple lors de l'explosion du Cambrien ou avec les schistes de Burgess.

Le hasard et la contingence en biologie

Le hasard et son complément, la contingence, tiennent une place déterminante dans l'histoire de la vie. Sans eux, celle-ci n'aurait pas émergé du monde minéral, pas plus qu'elle n'aurait pu subsister. Le hasard crée l'imprévisibilité physico-chimique que filtre la contingence catalytique et adaptative induisant un certain ordre de stabilisation locale nécessaire à un minimum de permanence. Dans de multiples environnements variables et variés, sur des périodes extrêmement longues et très diversifiées, ce sont vraisemblablement des infinités de tentatives de filiations d'évènements physico-chimiques fortuits et complexes qui, à la suite d'une infinité d'échecs, ont fini par être à l'origine de séries prébiotiques évolutives convergentes plus ou moins stables. Soumises à la pression du milieu, et en fonction des conditions locales sous la contrainte d'une contingence factorielle, notamment des rayonnements, elles furent soit éliminées, soit l'une ou l'autre finit par converger vers une certaine adaptation qui était circonstancielle. Mais la question essentielle, celle de la convergence ultime, celle du passage à la vie, reste posée. On peut cependant remarquer que la probabilité de cette ultime convergence étant vraisemblablement extraordinairement faible, il aura fallu des intervalles de temps considérablement longs pour qu'elle puisse avoir lieu. Probablement après un ensemble de séries d'événements complexes et de circonstances favorables au rassemblement d'une multitude d'effets bénéfiques plus ou moins fortuits. La difficulté est, ici, de prendre conscience de l'échelle des facteurs numériques en cause. Ce fut également le cas, au cours du XIX° et bien qu'à un autre niveau, quand il s'est agi d'estimer l'âge de la Terre.

L'évolution n'étant aucunement liée à l'idée de progrès nécessaire de Spencer ou de Condorcet, mais étant celle de l'aléatoire, toute hypothèse d'orthogenèse n'a aucunement sa place en science, absolument rien ne la justifiant. Ce qui n'exclut naturellement pas une convergence fonctionnelle localisée, par exemple celle ayant abouti à l'œil. L'une des fonctions essentielles de la contingence est de mettre de l'ordre dans la convergence des différentes lignées, c'est-à-dire dans les espèces descendant les unes des autres. La paléontologie montre qu'il n'existe pas de phylogenèse qui se serait développée dans le désordre. Sinon, il régnerait un chaos incompatible avec la survie.

L'espèce du genre homo, dont est issu le Sapiens, en est l'illustration. Elle n'est pas le fruit d'un projet divin, pas plus que l'aboutissement de quelque mécanisme de progrès immanent au processus biologique lui-même. Ces deux hypothèses n'appartiennent pas au domaine scientifique. Le Sapiens, comme toute autre espèce, est le résultat du hasard contingent en tant qu'aboutissement d'un infiniment vaste complexe de mutagenèses et de transformations biologiques et physico-chimiques ayant eu lieu au sein d'une infiniment longue série d'espèces vivantes. Les propriétés spécifiques des milieux où eurent lieu ces transformations ont également joué un rôle primordial, notamment en tant que catalyseurs. Pour l'apparition de la vie, comme pour celle du Sapiens, il se trouve qu'un infiniment petit –la probabilité de convergence–, que multiplie un infiniment grand –le nombre de tentatives–, peut aussi bien finir par converger. Mais la contingence aurait tout aussi bien pu choisir une autre voie que celle aboutissant au Sapiens sapiens.

Le temps

Complétons ici ce que nous en avons déjà dit. Si le hasard et la contingence sont deux facteurs clés dans les mécanismes de l'évolution, il en existe également un troisième, le temps, qui est en quelque sorte sa légitimation. Ce qui est absolument remarquable c'est qu'il suffit d'un seul paramètre pour décrire aussi bien l'histoire de l'Univers que celle du vivant. S'agit-il du même paramètre ? Ce n'est pas tout à fait le cas à cause du problème de la réversibilité, comme nous allons le voir.

En dépit de multiples travaux sur le sujet, on a indiqué les difficultés rencontrées à propos de la définition du temps. Précisons d'abord que, en tant que tel, le temps classique et usuel est celui utilisé par la physique. C'est un concept dynamique de déplacement, de mouvement, qui a été défini par Newton dans les *Principia* (1687). Le « temps » est, pour lui, un absolu universel, une donnée primitive bien que sa définition reste ambiguë, car on a dit qu'il n'est pas *stricto sensu* mesurable en tant que tel, seuls les intervalles de temps le sont. Pour effectuer une telle opération, il faut au moins disposer de deux horloges qui, pour être synchronisées, exigent la possession d'un vecteur transfert étalon (la vitesse de la lumière), comme en a largement discuté Einstein. (et avant lui, le mécanicien E. Mach) dans sa théorie de la relativité restreinte (1905). Cette théorie fait perdre au temps son caractère absolu, il devient relatif à l'observateur. Nous y reviendrons.

Une horloge, quelle qu'elle soit, est associée à un phénomène physique, le plus souvent périodique. Mais pas nécessairement puisque, par exemple, la désintégration d'une collection de noyaux radioactifs constitue une horloge physique naturelle, d'autant plus précise que le nombre de noyaux actifs est élevé. C'est actuellement un moyen puissant et efficace utilisé pour les datations géologiques et paléontologiques.

Le principe cosmologique (homogénéité et isotropie de l'espace) qui permet de rendre compte de l'évolution de l'Univers et de ses constituants en fonction du temps, implique que celui-ci soit unidimensionnel, continu, linéaire et possiblement limité dans le passé, la théorie classique du big bang étant, dans certains modèles, supposée en être à l'origine. Concernant le futur, différentes hypothèses sont plausibles. De plus, pour que deux observateurs absolument quelconques expérimentent les mêmes propriétés, par exemple la détermination du même âge de l'Univers, il faut que le temps s'écoule uniformément pour assurer l'invariance des lois dynamiques. Ce paramètre, le temps *cosmologique*[5], est irréductible à des dimensions spatiales contrairement au temps physique relativiste bien qu'il lui soit intimement relié dans le cadre de la dynamique einsteinienne.

Pour distinguer les « causes » des « effets », la conservation de la causalité, qui est nécessairement liée à l'écoulement du temps, dépend du sens de celui-ci. Dans le mésocosme, elle est étroitement associée au déterminisme, ce qui n'est plus le cas dans le microcosme ou intervient alors le probabilisme quantique : il caractérise les conditions de réactivité de microsystèmes complexes en évolution ou en interactions. C'est, par exemple, le cas des réactions nucléaires se déroulant au sein des étoiles. Il en va de même au niveau atomique et moléculaire dans les interactions biologiques au sein de la cellule vivante. Par exemple dans la dynamique des acides nucléiques, de leur réplication ou de la synthétisation des protéines à partir des acides aminés dans le ribosome.

---

[5] C'est le temps propre d'un observateur comobile c'est-à-dire au repos par rapport à la distribution moyenne de matière de l'Univers lors de son expansion.

La question de la réversibilité du temps

Le fonctionnement d'une horloge n'est pas réversible, le temps observé possédant une propriété fondamentale : un sens d'écoulement, dit « flèche du temps » que caractérise le deuxième principe de la thermodynamique (croissance de l'entropie). Cette propriété a pour conséquence primordiale l'irréversibilité de l'évolution. C'est à dire celle du sens du déroulement des phénomènes qui lui sont associés, qu'il s'agisse aussi bien des transformations du vivant que de celles de l'Univers.

Mais il y a un problème.

Dans les chaînes du vivant, le temps irréversible de l'évolution biologique n'est pas le temps réversible de la physique. En effet, l'inversion de t en –t dans celle-ci n'en change pas la plupart des équations de base (pas toutes, telles l'entropie ou la diffusion de la chaleur). Elles ne dépendent donc pas du sens d'écoulement du temps. La retrodiction est donc impossible. Dans le microcosme, le sens du temps n'intervenant pas, la question est de comprendre pourquoi il n'en va pas de même dans le macrocosme. Il s'agit, en fait, d'une perte d'information, l'aléatoire de la mesure quantique limitant la connaissance des effets physiques associés.

Darwin puis Boltzmann, le père de l'entropie, ont, en vain, tenté de donner un sens au temps de l'évolution. Ils ont posé la question de cette différence de nature entre la réversibilité dans le microcosme et l'irréversible dans le macrocosme. Question qui a d'ailleurs fait l'objet d'âpres querelles à la fin du XIX° siècle. Aujourd'hui, on a compris que cette différence est due à la non-conservation de l'information liée aux corrélations qui apparaissent au cours du temps. Phénomène dû aux nouvelles conditions initiales créées localement lors de l'inversion du temps. Notons que, comme l'a montré H. Poincaré (*Les Méthodes Nouvelles de la Mécanique Céleste,* 1888), les conditions initiales sont déterminantes dans tout problème de dynamique, en particulier ce sont elles qui vont déterminer l'évolution.

Bien que la « flèche du temps », –celle de l'ordre d'écoulement des phénomènes – et la « réversibilité » –celle des équations physiques–, ne puissent être confondues, le faire n'induirait cependant aucun effet pratique. En effet, le temps étant un paramètre d'ordre préservant la causalité, dans l'un ou l'autre cas ni le sens d'écoulement ni les effets observables associés ne seraient affectés. Cela tient en particulier au fait que la réversibilité des équations n'intervient pas sur les effets observables de la flèche du temps. L'irréversibilité dans la Nature ne provient pas des lois, mais des irrégularités qui détruisent l'organisation de départ. D'ailleurs avec la réversibilité, il n'y a rien qui distingue le passé du futur. Un monde en équilibre ne crée pas de nouveau, pour cela il y faut la thermodynamique et son entropie.

L'évolution dépend du temps, mais elle ne peut cependant pas lui être directement associée. Par exemple, la paléontologie montre qu'elle ne présente aucune des caractéristiques de régularité du temps des horloges.

Probabilité et statistique

Quand un événement n'est pas quantifiable, mais que l'on veut en tenir compte dans l'étude d'un processus donné, on introduit un concept spécifique : sa probabilité. C'est une estimation de « son apparence de vérité » ou, plus généralement, de la possibilité qu'il se produise. Bien qu'il ait été associé à la notion de risque, ce concept réapparut au XIV° siècle dans une traduction de l'*Ethique à Nicomaque* d'Aristote et fut rapidement associé à la pratique des jeux dits « de hasard ». Le premier ouvrage important sur ce sujet fut le traité de C. Huygens *De ratiociniis in ludo aleae* (« Raisonnements sur les jeux de dés » -1657). Au XVII°siècle, les probabilités commencèrent à susciter des discussions mathématiques plus approfondies, particulièrement dans la correspondance échangée entre P. de Fermat et B. Pascal qui jetèrent les bases d'une première théorie. Elle trouva sa place dans l'Encyclopédie de Diderot ce qui favorisa sa diffusion. La forme moderne de la théorie des probabilités débuta au XIX° siècle puis elle devint une branche à part entière des mathématiques au siècle suivant.

À l'origine, il s'agissait simplement de savoir si une phrase est vraie ou fausse, sa « probabilité » étant « *la connaissance évidente de la vérité ou de la fausseté de cette proposition* ». Suivant les cas, on peut discuter soit de la notion de certitude en fonction des connaissances, soit de son incertitude selon l'ignorance que l'on en a. Mais une telle discussion reste subjective.

Pour aller plus loin, il faut trouver un moyen de chiffrer cette certitude/incertitude. Il existe plusieurs possibilités qui dépendent de la nature du sujet et de la question à traiter. Généralement, dans les cas courants, la probabilité est définie par un nombre compris entre zéro (probabilité nulle) et un (probabilité maximale, c'est à dire certitude) qui se détermine par les données du problème. On l'exprime également en pourcentage, ce qui est plus significatif. Deux évènements sont indépendants si leurs probabilités le sont. Par exemple, la probabilité de formation d'un trou noir ne dépend pas de la composition chimique d'une l'étoile en effondrement ; elle ne dépend que de sa masse (le cas échéant de sa charge et de son mouvement de rotation). Il existe également des probabilités conditionnelles. La probabilité d'évolution d'une espèce dépend de sa probabilité de survie et du milieu.

La véritable axiomatisation de la théorie des probabilités date de 1897 avec les travaux du mathématicien français E.

Borel, auteur du célèbre paradoxe du « singe savant »[6]. Vint ensuite le calcul stochastique appliqué aux phénomènes aléatoires, donc particulièrement adapté à l'étude des mutations biologiques.

La théorie des probabilités est devenue une branche majeure des mathématiques au siècle dernier. Ses applications sont innombrables, en particulier dans des cas ou il est impossible de connaître les résultats d'expériences aléatoires, cas que l'on rencontre fréquemment en biologie moléculaire, notamment en génétique, en paléologie et dans différents domaines ou l'expérimentation est impossible comme en cosmologie et en astrophysique. Dans de tels cas, on parle de probabilité épistémique ou bayésienne qui ne coïncide pas exactement avec la réalité, il y a une part de subjectivité. L'étude des situations aléatoires est également fréquente tant en biologie que dans l'étude du cosmos.

La théorie de l'information, qui présente un caractère essentiellement aléatoire, fait largement appel aux probabilités. Elle est devenue une activité capitale à notre époque, en particulier avec les considérables développements de l'informatique.

La statistique est une branche des mathématiques, à la fois théorique et méthodologique bien que, de plus en plus, elle soit considérée comme une discipline autonome. Son objet consiste à collecter des données et à en extraire des informations significatives après quelques traitements techniques appropriés. Elle comporte une partie théorique appuyée sur les probabilités, les sciences de l'aléatoire, et une partie appliquée. Les applications de cette discipline sont innombrables (elles sont devenues « la Data Science » ou science des données). Parmi ses innombrables utilisations, la

[6] un singe tapant indéfiniment et au hasard sur un clavier de machine à écrire finira « presque sûrement » par écrire un texte donné. Tout tient dans le calcul de « presque sûrement ».

biologie dans son ensemble, comme la cosmologie y font largement appel.

Bien que le nom de statistique soit récent, ses racines semblent très anciennes, en particulier dans les activités agro-alimentaires et sociales. Il s'agissait de recueils de données. Il faut cependant attendre le XVIII° siècle pour qu'apparaissent les prévisionnistes, notamment avec l'établissement des tables de mortalité des assureurs. Les premiers travaux utilisent les probabilités de Fermat et Pascal. C'est A. Quetelet (1796-1874) qui initia les premières utilisations modernes de la statistique et proposa de la relier aux probabilités. Il discuta des méthodes de collecte et de mise en forme des données quantitatives pour standardiser les mesures et les erreurs. Il travailla à l'interprétation et l'analyse des grands nombres et s'intéressa à la prévisibilité des phénomènes astronomiques.

C'est l'avènement de l'informatique, au milieu du siècle dernier, qui a complètement transformé les possibilités de la statistique qui sont devenues gigantesques et ses champs d'applications qui sont considérables. Il est peu de domaines scientifiques qui n'y aient pas recours. Mais, pour terminer par une boutade, il est préférable de se souvenir que « si la statistique ne ment pas, elle trompe. ».

Pour conclure

Dans le langage courant, l'utilisation du mot hasard est associée à une certaine fatalité, positive ou négative. Dans les sciences, il traduit un manque, ou l'inexistence d'information. Il peut s'agir soit de données intrinsèques propres à un évènement (radioactivité), soit de facteurs de causalité inconnus (mutations), soit d'un niveau de complexité trop élevé (chaos déterministe). Les domaines où intervient le hasard sont nombreux en physique, particulièrement dans le microcosme où la théorie quantique trouve sa pleine utilisation. Ses applications abondent dans les sciences du vivant aussi bien avec tout ce qui concerne l'arsenal théorique de la cellule et sa complexe chimie, que dans la génétique et les disciplines associées. C'est également le cas en cosmologie avec le fonctionnement des étoiles et autres monstres cosmiques tels les trous noirs, les quasars et tous les multiples et complexes processus corpusculaires et rayonnants qui les accompagnent.

Le fait que l'évolution des espèces soit due au hasard des mutations triées par la sélection naturelle est aujourd'hui reconnu dans les milieux spécialisés. Il en va de même pour l'adaptation des cellules et leurs différentiations. Certes, il existe différentes écoles. Lors de la reproduction, l'expression des gènes est un processus stochastique, l'aléatoire permettant l'adaptation à l'environnement et à la diversification.

En revanche le terme « contingence » est peu utilisé dans la vie quotidienne, probablement parce que sa signification reste floue. On parle plutôt d'aléatoire ou d'éventualité. En science la contingence est le plus souvent associée au hasard bien que pour Stephen Jay Gould : « *la contingence est une chose en soi, et non la combinaison du déterminisme et du hasard* » (*La vie est belle* - 1989). Elle joue un rôle important dans les discussions et les interprétations, étant fréquemment associée à la statistique et aux probabilités. Ce qui revient souvent, bien qu'implicitement et sous une forme moderne, à recourir au « principe de raison suffisante » de Leibniz rendant compte de « l'existant face au possible ». Dans une situation complexe et instable, un facteur de contingence permet une évaluation des occurrences et le choix des opportunités. C'est, par exemple, le cas des expérimentations dont l'objet est la création artificielle de mutations.

Remarquons, à propos des évènements aléatoires que, bien qu'ils ne définissent pas le hasard, ils en permettent cependant une sorte « d'estimation ». Par exemple, bien qu'un processus soit imprévisible à un instant donné, sa répétition un grand nombre de fois (tel un lancé de pièces) fait apparaître des régularités (équipartition des résultats de « pile » et « face » sur un nombre élevé de coups). Il existe donc des « règles de certitude dans l'incertain » ce que E. Schrödinger appelait « *l'ordre issus du désordre* ». Ces règles permettent d'envisager certaines études dans des domaines où intervient l'aléatoire, comme c'est le cas en génétique des populations.

Terminons en remarquant qu'un système déterministe n'est pas nécessairement prévisible, car, on l'a dit, H. Poincaré a montré que son évolution dépend des conditions initiales (effet papillon). C'est le cas des systèmes vivants comme celui du système solaire dont la stabilité à long terme n'est pas assurée.

Chapitre 4

Charles Darwin

En Europe le XIX° siècle fut le siège de profonds bouleversements scientifiques, philosophiques et culturels consécutifs aux grands mouvements des idées et des évènements géopolitiques brassés au siècle précédent. De nombreux conflits, parfois violents, entre les différentes mouvances idéologiques qui s'affrontèrent induisirent de nouveaux modes de pensée et d'action. Et les considérables progrès techniques, dont l'arrivée massive de la machine à vapeur, nouvel esclave mécanique, du chemin de fer et de l'électricité, modifièrent les façons de travailler, de se déplacer, de s'organiser et de communiquer. En un mot, de vivre. C'est ainsi que, peu à peu, apparut en Occident, une nouvelle conception du Monde.

La question qui préoccupait les biologistes de l'époque était l'explication de l'extinction de certaines espèces. Cette disparition, avérée par l'étude des fossiles, était en contradiction directe avec le dogme biblique affirmant l'absolue invariance des différentes formes vivantes issues de la Création. Bien que plusieurs tentatives d'explications aient été proposées, dont le catastrophisme, aucune n'était convaincante.

L'une d'elles, on l'a dit, se distinguait par son originalité : le transformisme. Dans son classement, Lamarck avait mis en évidence l'existence d'une évolution propre à certaines espèces. Il parvint à utiliser ce mécanisme pour expliquer qu'il n'y avait pas d'extinctions catastrophiques d'espèces fossiles comme le prétendait Cuvier, mais qu'il s'agissait de leur évolution au sein d'une même espèce. Pour aller au-delà, Lamarck aurait dû pousser son raisonnement jusqu'à envisager l'évolution par des transformations inter-espèces. Émettre cette hypothèse était prendre le risque de conflits avec les autorités religieuses, ce qu'il ne fit pas. C'est précisément ce que va faire Darwin un demi-siècle plus tard, et qui lui permettra d'élaborer une *véritable théorie scientifique* du phénomène vivant.

Darwin et l'évolution

Jusqu'au Moyen Âge, la biologie occidentale postulait l'essentialisme, doctrine d'Aristote selon laquelle « *la nature semble stable en espèces* » (*Organon*). Dans ce panorama intellectuel fixiste absolu et créationniste, l'homme occupait une place à part (« *à l'image de Dieu* »), prérogative que la théorie de Darwin va lui faire perdre. En lui supprimant son caractère « d'élu divin » et en éliminait tout recours à quelque transcendance ou finalisme que ce soit, l'explication *scientifique* du phénomène vivant va soulever une véritable révolution. Elle se traduira par des tempêtes de protestations, de conflits et de problèmes tant théologiques que philosophiques comme en témoigne « l'histoire du singe » de l'évêque d'Oxford S. Wilberforce. Nous y reviendrons.

On a dit que Lamarck fut le premier à s'attaquer au fixisme en introduisant deux concepts nouveaux : la diversification (spéciation) des espèces liée aux nécessités de l'adaptation aux différents milieux, à leurs variations, et la complexification croissante qui est associée à des fonctions et des besoins nouveaux. Il proposa une loi dite « du non-usage » déclarant qu'un organe animal non utilisé finit par disparaître tandis qu'un autre très utilisé se développe. C'est à ce propos qu'il déclara l'hérédité des nouveaux caractères acquis, conservant ainsi le point de vue d'Aristote d'une adaptation permanente. Ces idées nouvelles furent violemment combattues, et avec hargne, par le catastrophiste Cuvier.

Darwin arrive dans un climat compliqué créé par les réticences au transformisme. La question des mécanismes de transformation du vivant se présente de différentes façons. Pour Lamarck, dans sa *Philosophie Zoologique,* ou Spencer dans *Progress, its law and Causes* (Progrès, ses lois et causes) il s'agit d'envisager le développement d'un programme prédéterminé d'accès à une complexité adaptative croissante. Car ils remarquent que les formes fossiles les plus complexes sont observées dans les couches géologiques les plus récentes. Il n'est aucunement possible d'établir une chronologie du vivant à partir du transformisme qui reste déiste, d'autant que les auteurs n'abandonnent pas le principe de la génération spontanée. Ils se contentent de découvrir l'existence de séries progressives (telle celle des équidés) non dénuées, selon eux, d'intentionnalité téléologique. Hypothèse que rejettera formellement Darwin qui s'opposera à tout sens, à tout but ou à tout mécanisme finaliste susceptible d'orienter l'évolution.

Comme nous allons le voir, pour lui il n'est pas question de programme, mais d'un vecteur moteur, la mutation issue du hasard et de la contingence filtrés par un mécanisme spécifique, la sélection naturelle agissant sur le peuplement en symbiose avec les contraintes imposées par les caractéristiques du milieu. Il s'agit d'un processus complexe régi par l'idée clé d'adaptation. C'est un point de vue fondamentalement opposé à celui de ses adversaires. Pour Darwin l'évolution du phénomène vital est le fait d'une histoire qu'il se propose de découvrir et de justifier en la racontant. C'est précisément l'existence et l'application du principe d'évolution qui va lui permettre d'en découvrir les mécanismes et les transformations propres au vivant et à la

Nature. Ils sont à l'origine des séries évolutives observées. Elles s'étalent sur des temps géologiques considérables et sont caractérisées par des enchaînements d'évènements factoriels soumis au hasard et à la contingence qui se succèdent au fil du temps. Évènements filtrés par les contraintes liées à la diversité des milieux et à leurs transformations dans lesquels se développent les survivants, ceux qui se sont adaptés.

Bien que non linéaire, cette vision représente une sorte de « continuum » évolutif, contrairement au transformisme qui n'est qu'une superposition de paliers indépendants. Schéma évidemment théorique, mais parfaitement logique, bien que dépendant, dans la pratique, de l'état des connaissances. En particulier celles des fossiles, de la géologie et de l'âge de la Terre, et des progrès de la biologie liés à ceux de la chimie. Et, plus tard, de la génétique qui, à l'époque, reste à découvrir.

Il se trouve, comme nous le verrons, qu'une sorte de schéma évolutif équivalent s'applique également dans le développement de l'Univers. Il est tout autant exempt de toute téléologie ou finalité[7].

Le voyage de Darwin

C'est au cours d'un long voyage d'exploration autour du monde (1831-1836), sur le voilier le *HMS Beagle*, que Charles Darwin (1809-1882) effectua une série variée d'observations originales et très détaillées aussi bien botaniques que zoologiques ou géographiques et géologiques. Il passa la plus grande partie du temps à terre, observant attentivement la vie locale et les populations des contrées traversées. Ce qui lui permit de constituer une collection très riche et détaillée de plantes, d'organismes divers et d'ossements fossiles qui firent l'objet de

[7] Voir note 4.

commentaires techniques. Durant ces cinq années de voyage, Darwin étudia le traité du géographe C. Lyell *Principles of Geology* (Principes de géologie) dans lequel sont analysés certains reliefs et accidents terrestres et expliqués par l'accumulation de processus naturels graduels agissant sur de très longues périodes. Mécanismes dont, à plusieurs reprises, il eut l'occasion de vérifier la justesse. Avec les notes techniques traitant de ses découvertes qu'il envoyait à ses collègues, dont son ancien professeur J.S. Henslow qui le soutiendra, et son journal de voyage, Darwin rédigea *The Voyage of the Beagle* (le voyage du Beagle-1839) qui contribuera à l'établissement de sa réputation scientifique.

Dans la deuxième partie de son ouvrage Lyell, qui était uniformitariste (opposé au catastrophisme : « *le présent est la clé du passé* »), rejetait le transformisme lamarckien, estimant que la mutation des espèces est peu probable. Il supposait que la création divine s'était effectuée en plusieurs phases (il était déiste). Les idées de Lyell eurent une profonde influence sur Darwin, mais ses propres observations, notamment aux îles Galápagos, commencèrent à le faire douter de certaines assertions transformistes de Lyell. Au cours du voyage de retour, Darwin déclara que l'examen de certaines de ses collections « pourrait » le conduire à remettre en cause « *la stabilité des espèces* ».

La genèse des idées de Darwin

A son retour, Darwin va prendre contact avec des experts capables de l'aider à interpréter ses collections. Parmi d'autres scientifiques, il rencontrera Lyell et Sir Richard Owen, remarquable anatomiste, qui le soutiendront dans ses travaux. Certains de ses résultats semblent montrer que des espèces, en l'occurrence les tortues et les célèbres pinsons des Galagos, sont susceptibles de transformations lors d'isolements territoriaux dans les îles locales. Les idées de modification des espèces cheminent dans les réflexions de

Darwin jusqu'à ce qu'il lise, en 1838, le livre de Thomas R. Malthus ((1766-1834) intitulé : *Essai sur le Principe de Population* (1803) traité de démographie dans lequel l'auteur analyse de façon critique le problème de l'autorégulation des populations. Malthus y insiste sur « la catastrophe » que devrait inéluctablement provoquer l'accroissement démographique exponentiel face à l'accroissement arithmétique des ressources. Il en conclut la nécessité d'une limitation des naissances. Sujet qui fera l'objet de nombreux débats et querelles.

Cette lecture incite Darwin à transposer et adapter certaines des idées de Malthus à la transformation des espèces animales et végétales. D'une part, l'excès des naissances par rapport aux ressources doit être tout autant valable dans le règne animal. Donc entraîner une rareté relative, c'est-à-dire induire une compétition. D'autre part, il s'interroge sur les mécanismes qui devraient être associés à cette compétition. En affinant ses idées évolutionnistes qui, selon lui, datent de 1839, Darwin est conduit à introduire le concept de mutations et de variabilité qu'il s'agit d'intégrer dans un processus de compétition pour la survie. Ce sera l'une des bases de sa théorie de la sélection naturelle.

Dans l'introduction de son Maître livre *De L'origine des Espèces* (1859), considéré comme l'élément fondateur de la théorie moderne de l'évolution, Darwin, qui avait reçu une éducation créationniste avant son voyage, précise clairement son objectif. Selon lui, l'observation d'affinités mutuelles de différents organismes vivants, leurs rapports embryologiques, leurs localisations géographiques et géologiques et d'autres facteurs analogiques conduisent l'observateur naturaliste à la conclusion logique qu'il devrait exister une filiation avec d'autres espèces. Et non être le résultat de quelques créations simultanées. Si, dès l'abord et pour éviter des complications, il ne rejette pas *a priori* l'idée du Divin Créateur, il va cependant construire une théorie dans laquelle il n'aura pas besoin de cette hypothèse. La sélection naturelle se substituera à « *la main de Dieu* » (et, selon ses mémoires, Darwin y perdra la foi).

Une conjoncture complexe

L'année de la parution de *L'Origine des espèces* est également marquée par la mise au point d'une théorie cellulaire cohérente due à l'anatomiste Virchow. Et par une « théorie » de la génération spontanée due au médecin biologiste F. A. Pouchet avec son ouvrage : *Hétérogénie* (*Traité de la génération spontanée*). Publication fâcheuse pour Darwin car si la génération spontanée existe, elle remet en cause les principes de base de sa théorie : dans de telles conditions, il devient exclu d'expliquer l'existence d'une histoire du vivant et d'une filiation puisqu'il y a pluralité des sources de vie. Mais fort opportunément, Pasteur va s'opposer frontalement à Pouchet et démontrer le caractère erroné de la génération spontanée. D'autant que la théorie cellulaire n'est pas compatible avec celle-ci.

Une importante difficulté provenait de la paléontologie qui posait un problème mal résolu, celui de l'âge des fossiles lequel, comme déjà dit, était biaisé par la théorie du catastrophisme puissamment défendue par son auteur, le turbulent Cuvier. C'est sa contestation qui a fini par conduire à l'idée d'évolution biologique bien que l'observation locale n'imposait pas une telle démarche. C'est d'ailleurs l'une des raisons pour lesquelles ce concept d'évolution n'a pas été facilement accepté, d'autres étant les potentialités de conflits dont il était porteur vis-à-vis des autorités établies.

Alors que Cuvier a proposé une explication des espèces fondée sur les archives fossiles, bien qu'ignorant leurs transformations, Lamarck a fait l'inverse : une explication des transformations des espèces sans tenir compte de celle de l'ensemble. Darwin va en faire la synthèse au moyen de l'idée d'évolution qui est la somme d'une histoire et d'une dynamique des transformations. La question que résout Darwin, dans le cas de l'histoire du vivant, est celle du moteur à l'origine de ces transformations et des contingences associées. Et c'est à ce propos que vont apparaître des divergences. Par exemple les mouvements néolamarckiens qui discutent à nouveau de la transmission des caractères acquis.

« De l'origine des espèces »

Cet ouvrage est une synthèse des travaux de Darwin ayant pour objet les notes concernant ses observations lors de son voyage ainsi que le résultat de ses réflexions et de ses recherches après son retour. Le titre complet de la première édition est le suivant : *De l'origine des espèces au moyen de la sélection naturelle, ou la Préservation des races favorisées dans la lutte pour la vie*. La première publication date du 24 novembre 1859. Dans les éditions suivantes le titre est modifié : l'expression « *la Préservation des races favorisées dans la lutte pour la vie et le rejet des variations préjudiciables* » va être remplacée par « *la survie du plus apte* », correction suggérée par son concurrent et néanmoins ami le naturaliste A. R. Wallace. C'est cette idée qui va faire scandale avec son relent d'élitisme et de combat, celle d'évolution n'apparaissant qu'après quelques années.

Dans l'introduction de son ouvrage, Darwin ne cache pas le but qu'il se fixe : « *On comprend facilement qu'un naturaliste qui aborde l'étude de l'origine des espèces et qui observe les affinités mutuelles des êtres organisés, leurs rapports embryologiques, leur distribution géographique, leur succession géologique et d'autres faits analogues, en vienne à la conclusion que les espèces n'ont pas été créées indépendamment les unes des autres, mais que, comme les variétés, elles descendent d'autres espèces. Toutefois, en admettant même que cette conclusion soit bien établie, elle serait peu satisfaisante jusqu'à ce que l'on ait pu prouver comment les innombrables espèces habitant la Terre, se sont modifiées de façon à acquérir cette perfection de forme et de coadaptation qui excite à si juste titre notre admiration* ».

L'auteur propose un mécanisme physique rationnel permettant d'expliquer la transformation des espèces et leur diversification dans leur cadre naturel. Pourtant, curieusement, Darwin refuse de définir le concept d'espèce : « *Je ne discuterai pas non plus ici les différentes définitions que l'on a données du terme espèce. Aucune de ces définitions n'a complètement satisfait tous les naturalistes, et cependant chacun d'eux sait vaguement ce qu'il veut dire quand il parle d'une espèce.* » Ce qui va poser des problèmes d'interprétation, l'espèce étant un élément de base de la systématique. Pour lui, c'est le terme « variété » qui convient en tant qu'espèce en cours de formation.

Les idées développées sont relativement simples et il faut d'ailleurs noter que sur les quelque 600 pages que contient l'ouvrage, la presque totalité est consacrée à des études de cas, sa propre théorie interprétative n'excédant pas la dizaine de pages. Il cherche en fait à justifier sa conception de la sélection naturelle en l'appliquant à une longue suite d'analyses d'une pléthore de cas particuliers, aussi bien animaux que végétaux, dont il justifie le comportement évolutif par l'application de ses idées. Cette longue énumération rend fastidieuse la lecture de l'ouvrage que, selon ses critiques contemporains, peu de personnes ont dû lire alors qu'il a connu six éditions. La dernière (1872), la forme définitive, propose des réponses aux critiques des éditions précédentes dans un chapitre particulier : « *Objections diverses faites à la théorie de la sélection naturelle* ». C'est dans cette dernière édition qu'apparaît, pour la première fois, le terme « d'évolution ». L'insertion de nombreux rajouts et commentaires rend finalement sa lecture encore plus rébarbative aussi est-il probable que bien des détracteurs ne l'aient que partiellement survolée, ou ne l'aient peut-être même pas lu ! C'est vraisemblablement l'une des raisons qui ont fait que, à plusieurs reprises, la pensée de Darwin a pu être mal interprétée.

Notons que cet ouvrage ne contient qu'une partie des recherches de Darwin, mais c'est la plus importante et la plus connue. Il a semblé peu intéressé au problème de l'origine de la vie, indiquant dans sa conclusion que : *« ce n'est pas une objection valable que de dire que, jusqu'à présent, la science ne jette aucune lumière sur le problème bien plus élevé de l'essence ou de l'origine de la vie. »*

A la suite de fâcheuses querelles, il s'est instauré un esprit de controverse en biologie qui a perduré, les opposants argumentant leurs critiques en opposant au darwinisme des cas litigieux ou inexplicables. De nos jours, au fil des nombreuses et très importantes découvertes faites depuis cette époque, le darwinisme (ou ce qu'il en reste) est devenu une théorie très complexe alors qu'elle suscite toujours des oppositions, notamment entre les partisans d'une évolution progressive et ceux d'une évolution par sauts, les « saltationnistes », idée qui existait déjà à cette époque. Et la sélection naturelle, sous sa forme darwinienne, reste contestée.

Les bases de la sélection naturelle

La sélection naturelle, encore appelée sélection darwinienne, est le processus imaginé par Darwin pour expliquer la nature du moteur responsable des transformations et de la diversification adaptative des différentes espèces dans leur milieu. Il s'agit de fournir une explication rationnelle de la complexité adaptative des êtres vivants sans recourir à quelque intervention surnaturelle théiste ou téléologique que ce soit.

Dans une population d'une espèce donnée, l'observation montre sans ambiguïté que des différences plus ou moins importantes distinguent les individus les uns des autres et d'une génération à la suivante. Selon ses idées issues de la lecture de Malthus, Darwin en déduit les principes qui suivent et qui vont fonder sa théorie exposée dans *De l'Origine des Espèces*.

La sélection exige que trois conditions soient remplies. D'abord il faut un **Principe de variation** : pour qu'il y ait une sélection naturelle au sein d'une population d'une même espèce, il faut que les individus qui la composent présentent des variations de caractère. Ensuite il doit exister un **Avantage sélectif :** certaines variations favorisent la reproduction des individus qui en sont porteurs dans un environnement donné. Ce qui leur confère un avantage sélectif. Leur taux de reproduction étant supérieur, leur descendance est donc plus nombreuse. Enfin la pérennité exige un **Principe d'hérédité :** les caractères sélectifs acquis par les individus doivent pouvoir être transmis à la descendance, donc être héréditaires.

De ces principes, Darwin tire la conclusion suivante : « *Il en résulterait la formation de nouvelles espèces. J'avais donc enfin trouvé une théorie sur laquelle travailler ; mais j'étais si anxieux d'éviter les critiques que je décidais de n'en pas écrire la moindre esquisse pour quelque temps.* » (Autobiographie).

Ces principes sont remarquables par leur simplicité et leur efficacité puisqu'ils vont permettre d'établir une première explication rationnelle au difficile problème de la genèse du vivant. Cette théorie devra, elle aussi, subir quelque évolution, mais elle représente un acquis épistémologique considérable : il s'agit d'une authentique théorie scientifique, car elle est réfutable au sens de Popper.

Plus tard, à cette conception darwinienne de l'adaptation des espèces vivantes, son auteur ajoutera quelques mécanismes supplémentaires, dont la sélection sexuelle. Néanmoins il faudra attendre la redécouverte des lois de Mendel et les mécanismes de l'hérédité, au début du XX°

siècle, pour que le darwinisme devienne une véritable théorie de l'évolution, notamment avec la découverte de la génétique[8] et des mutations.

Le principe de variation : la variabilité

La variabilité est la désignation, par Darwin, de la somme des différences biologiques observables entre deux individus de même espèce. Ceci suppose que la reproduction biologique ne soit pas une duplication conforme c'est-à-dire que les descendants ne ressemblent pas strictement aux ascendants. C'est cette propriété qui permet le changement et l'évolution des générations successives au fil du temps et, selon Darwin, la création de nouvelles espèces.

Il précise dans *L'Origine des espèces :* « *La variabilité de chaque espèce est tout à fait indépendante de celle des autres. L'accumulation par la sélection naturelle, à un degré plus ou moins prononcé, des variations qui peuvent surgir, produisant ainsi plus ou moins de modifications chez différentes espèces, dépend d'éventualités nombreuses et complexes, telles que la nature avantageuse des variations, la liberté des croisements, le taux de reproduction, les changements lents dans les conditions physiques de la contrée, et plus particulièrement de la nature des autres habitants avec lesquels l'espèce qui varie se trouve en concurrence.*

C'est au hasard filtré par la sélection naturelle que Darwin attribue le rôle majeur du changement, de l'évolution adaptative du vivant. Ce qui fait toute la différence avec la position de Lamarck pour qui: « *la diversification, ou spécialisation, des êtres vivants en de multiples espèces, sous l'effet des circonstances variées auxquelles ils sont confrontés dans des milieux variés et auxquelles ils*

[8] Notons qu'il existe toujours, en ce début du XXI° siècle, des oppositions au mécanisme de la sélection naturelle.

s'adaptent en modifiant leur comportement ou leurs organes ». Le pivot lamarckien du changement est donc le milieu. C'est ce qui fait toute la différence entre l'évolution théorisée par Darwin et le transformisme qui était une impasse.

Darwin a déclaré « *ignorer les causes de chaque variation particulière* », car il était difficile, sinon impossible, au XIX° siècle, de préciser les causes profondes d'un tel changement, la génétique et ses mécanismes n'ayant pas encore été découverts. Il pressentait vraisemblablement l'existence de causes liées au patrimoine héréditaire d'où l'importance attribuée au hasard. C'est la découverte des mutations qui résoudra la question.

L'hérédité au XIX° siècle

L'hérédité est l'étude de la transmission transgénérationnelle des caractéristiques spécifiques d'une espèce vivante. Dans toute théorie de l'évolution du vivant, la connaissance des mécanismes de l'hérédité est déterminante, tant pour ce qui concerne la conservation d'une espèce que la part qu'elle prend dans ses possibles transformations en quelque espèce nouvelle. Outre la connaissance de ses mécanismes spécifiques, la grande question, source critique de conflits, fut celle de l'hérédité des caractères acquis. Question qui a fait (et fait encore) l'objet de nombreuses controverses, particulièrement à propos de l'espèce humaine.

Lamarck, qui accepte la génération spontanée, est le premier naturaliste proposant l'évolution des formes vivantes primitives vers des êtres plus évolués, mais de façon uniquement téléonomique c'est à dire avec une finalité strictement mécanique et localisée dans l'espèce considérée. Il ne semble pas exclure la possibilité de quelque aboutissement vers des organismes les plus évolués. Pour ce faire, il fait intervenir des processus physiques externes pas très bien définis (« fluides électriques et magnétiques ») agissant sur les organismes en évolution. Il s'agit d'un processus de complexification croissante, sorte d'exécution d'un programme. Lamarck accepte une certaine adaptation au milieu, aux conditions de l'environnement et, pour les animaux, à l'usage fonctionnel qui est fait, ou non, de leurs organes. Mais ce ne sont pas les éléments déterminants. Ceux-ci proviennent de « forces physiques intériorisées ». Il s'agit d'un transformisme récurrent fait d'enchaînements de paliers correspondant à des histoires locales superposées, mais dont le rassemblement est incapable de conduire à la continuité d'une histoire de la vie. C'est une différence fondamentale avec la théorie de l'évolution de Darwin.

La pangenèse

Pour expliquer la transmission transgénérationnelle des transformations progressives des espèces, et celle de leurs modifications établissant sa théorie de leur évolution, Darwin a besoin d'une théorie de l'hérédité. Il va s'inspirer d'une très ancienne idée due à Hippocrate : la pangenèse qui consiste à faire intervenir les différentes parties de l'organisme. Des « humeurs » en sont émises qui, dans les organes génitaux, forment la semence. Buffon avait déjà repris ces idées en les modifiant. Darwin les rapporte aux cellules de l'organisme supposées émettre des « gemmules » s'agrégeant en des sortes de « polybourgeons » conduisant aux ovules et spermatozoïdes. Ce modèle est censé autoriser la transmission des caractères acquis. Mais le fait que les gemmules puissent former de nouvelles cellules n'est pas compatible avec la théorie cellulaire du physiologiste T. Schwann. N'étant pas en accord avec l'observation, la pangenèse est un échec.

Il ne pouvait d'ailleurs pas en être autrement. En effet, il faudra attendre la découverte de la division cellulaire et la fécondation ainsi que celle des chromosomes (W. Flemming 1880) pour que l'hérédité se fonde sur des bases nouvelles.

Un an après la mort de Darwin, le biologiste allemand A. Weismann (1834-1914) démontre la séparation des lignées somatiques et germinales, spécifiant ainsi leurs fonctionnalités respectives dans l'hérédité. Il en déduit l'impossibilité de la transmission des caractères acquis. Dans son ouvrage *Le Plasma germinatif : une théorie de l'hérédité* (1892) dans lequel il tient compte de la découverte des chromosomes, Weismann apporte des modifications à la théorie de Darwin qui conduiront au néodarwinisme.

Les deux lois de Mendel (1822-1884) sur l'hybridation : la disjonction des caractères parentaux dans les cellules reproductrices de l'hybride et l'indépendance de la transmission des caractères différenciés, seront ignorées lors de leur publication (1869). Il faudra attendre le début du XX° siècle pour que ces lois soient redécouvertes, indépendamment par les botanistes H. De Vries, C.E. Correns et E. von Tschermak. Elles ouvriront l'ère de la génétique moderne.

La question de l'abiogenèse

L'abiogenèse, ou génération spontanée, fut une idée largement répandue comme l'attestent de très anciens écrits Chinois, Indiens et Égyptien. Il était unanimement admis que la vie pouvait apparaître spontanément, phénomène habituellement observé dans des matières organiques en décomposition. Certains philosophes grecs tels Leucippe, Démocrite ou Platon, discutèrent de l'apparition spontanée de la vie. Une synthèse des idées de cette époque est due à Aristote, auteur d'une théorie selon laquelle *« les plantes, les insectes, les animaux peuvent naître de systèmes vivants qui leur ressemblent, mais aussi de la matière en décomposition activée par la chaleur du Soleil » (Organon).*

L'Eglise partagea cette affirmation aristotélicienne, notamment avec Augustin d'Hippone (Saint Augustin) qui, dans *La Cité de Dieu et le sens de la Genèse* (V° siècle) releva cette affirmation dans l'un des 22 livres de *La Genèse*.

Il était hors de question d'en contester le bien-fondé. Ce point de vue fut également partagé par différents auteurs influents, dont Descartes, Newton ou Bacon. Après la redécouverte, au XII° siècle, des travaux d'Aristote, certains théologiens durent cependant discuter des limites de l'abiogenèse. Par exemple Shakespeare imaginait des crocodiles et des serpents naissant des sables du Nil (*Antoine et Cléopâtre*-1606). Thomas d'Aquin (Saint Thomas) y répondit en distinguant la « génération divine », celle de l'homme issu du « souffle de Dieu », de la « génération naturelle » celle du reste du vivant.

L'abiogenèse relève d'un point de vue animiste qui n'a pas favorisé le développement des connaissances scientifiques des siècles passés. La contester aurait été prendre de grands risques vis-à-vis des tribunaux religieux. Pourtant quelques réticences se manifestèrent au XVII° siècle avec les travaux du médecin Francesco Redi (1668) et du naturaliste Lazzaro Spallanzani (1765), qui ne connurent guère le succès.

Au début du XIX° siècle, la génération spontanée était toujours soutenue par des savants de premier ordre tels les naturalistes Saint Hilaire et Lamarck ce qui constituait un obstacle majeur pour l'interprétation du transformisme. Il faudra attendre L. Pasteur et sa célèbre controverse avec A. Pouchet (1859) pour mettre définitivement fin à cette croyance moyenâgeuse.

La fin de l'abiogenèse ne résout cependant pas le problème de l'origine de la vie laquelle, selon les connaissances actuelles, remonterait à près de quatre milliards d'années. Comme nous le verrons dans la suite, on sait aujourd'hui que toutes les formes de vie *connues*, sans exception, sont issues de formes de vie préexistantes. C'est une loi générale de la biogenèse. Mais qui reste discutée à propos des origines de la vie terrestre. Parmi d'autres hypothèses, son émergence pourrait être due à l'existence de conditions physiques tout à fait particulières régnant sur une Terre primitive en formation (expériences de Miller-Urey-1953). On a des preuves que celles-ci étaient totalement différentes de celles que nous connaissons. Actuellement, l'exobiologie et les recherches de traces de vie extraterrestre dans le système solaire conduisent à penser que, sous certaines conditions physico-chimiques définies, l'apparition des constituants vitaux élémentaires, les acides nucléiques, pourrait être un phénomène naturel.

Discussion de la sélection naturelle

Une très ancienne question a longtemps agité les milieux scientifiques : le vivant obéit-il aux mêmes lois physico-chimiques que l'inanimé ? À de très rares exceptions près, la réponse fut longtemps négative. La vie était attribuée à une assez mystérieuse force vitale spécifique faisant l'objet d'un courant philosophique, le vitalisme. Cette obscure force vitale était supposée se superposer aux lois physico-chimiques usuelles de la matière. Ce courant était une réaction d'opposition au rationalisme scientifique, et plus particulièrement à « l'homme machine » de Descartes. Il restait répandu au XIX° siècle, associé à la génération spontanée

Lamarck fut l'un des premiers opposants actifs à ce point de vue obscurantiste. Mais c'est la théorie de Darwin, avec la sélection naturelle, qui apporta une contribution décisive à la négation du vitalisme en éliminant tout simplement la nécessité d'une telle force vitale. Aussi est-ce elle qui, allant à l'encontre des idées de l'époque, suscita les plus fortes oppositions. Bien que les expériences de Pasteur aillent dans le même sens négatif, le vitalisme subsistera et sa défense suscitera des résistances, ou des biais parfois curieux. Par exemple, dans *L'évolution créatrice* (1907), H. Bergson a proposé une interprétation imagée de l'évolution biologique. Cherchant à contourner Darwin, il introduisit une sorte de *deux ex machina* : « l'élan vital créateur d'imprévisible », générateur supposé d'une évolution transcendant tout mécanicisme où vitalisme. Avec cet artifice il prétendait « inventer des formes de complexités croissantes » tendant vers l'intelligence. Parmi d'autres, ce genre de délire ne fut, pour P. Valery, que la manifestation « d'une métaphysique » (*lettres à quelques-uns*). Dans une analyse critique, le fondateur de la logique moderne, B. Russel, estima que, avec Bergson, « on atteint la vérité par l'intuition, mais assurément pas par l'intelligence. » (*Sceptical essays* 1928). Des critiques analogues peuvent être adressées aux interprétations philosophico-religieuses du paléontologiste reconnu que fut le Père Teilhard de Chardin (*Le phénomène humain -1955)* au siècle dernier.

La sélection naturelle ruinait également deux autres courants de pensée de l'époque : l'orthogénisme qui postulait une tendance intrinsèque du vivant au perfectionnement et l'essentialisme pour qui le Monde ne contiendrait qu'un nombre limité d'essences, c'est-à-dire d'espèces, survivance des idées d'Aristote exposées dans son *Organon*.

Une autre difficulté inhérente à la sélection naturelle concerne le hasard et son rôle dominant puisque c'est à lui que sont partiellement attribuées les modifications du patrimoine héréditaire du vivant. Sa fonction est d'autant plus essentielle, à l'époque de Darwin, que les mutations n'ont pas encore été découvertes. Les causes en demeurent donc mystérieuses. Pour Darwin, *« les changements dans les conditions agissent de deux manières : directement sur tout ou partie de l'organisme ou indirectement par l'intermédiaire du système reproducteur »*. Il comprend que la variabilité est indépendante de la sélection naturelle.

Le hasard, s'il avait fait l'objet de différentes études, restait cependant mal compris. Notamment en raison du mécanicisme de Newton qui exigeait que toute intervention du hasard ait nécessairement une cause. Or, à l'évidence, cette condition n'était pas remplie dans le processus darwinien, ce qui était aussi incompréhensible qu'inacceptable. Et un tel mécanisme était tout à fait contraire à l'esprit du temps. C'est, par exemple, le très respecté savant déterministe S. Laplace (1749-1827) qui nie le hasard en déclarant que : *« Une intelligence qui, pour un instant donné, connaîtrait toutes les forces dont la nature est animée, et la situation respective des êtres qui la composent... Rien ne serait incertain pour elle et l'avenir, comme le passé serait présent à ses yeux. »* (in *Essai philosophique sur les probabilités* 1795). L'expérience et les travaux théoriques de Poincaré et de E. Lorenz (effet papillon- 1972) ont montré que cette affirmation est inexacte, car les conditions initiales imposées à tout problème dynamique peuvent avoir une influence considérable.

Les mécanismes de la sélection darwinienne font également l'objet d'opposition. Dont la question de la « variabilité » du vivant, c'est-à-dire l'écart patrimonial existant entre les membres d'une même population sur laquelle agit la sélection naturelle. Elle dépend des différences entre les « meilleurs » et les « plus mauvais ». Processus qui a été mal compris, donc mal accepté en tant que considéré comme générateur d'un système élitiste puisqu'« éliminant les plus mauvais ». Or cette interprétation est inexacte puisque s'il s'agit bien de « sélectionner les meilleurs », cela n'implique pas nécessairement « l'élimination des plus mauvais ». Ces deux opérations sont indépendantes, le choix des premiers n'étant destiné qu'à augmenter les opportunités reproductrices. Cependant il est vrai que, dans les faits, si les moins bons sont finalement éliminés ce n'est que par l'effet d'une reproduction différentielle, la sélection naturelle n'ayant aucunement cette fonction.

Quant à la nature téléologique de la sélection naturelle, la part du hasard est bien trop importante pour y prétendre. Elle n'a pas pour objet d'améliorer une espèce, mais essentiellement de l'adapter à ses conditions de vie c'est-à-dire à son milieu naturel.

Et ces incompréhensions sont encore aggravées par la question de *« l'ancêtre simiesque »* de l'homme, là encore hypothèse mal interprétée : *l'homme ne descend pas du singe, mais il se trouve seulement que l'homme et le singe ont un ancêtre commun.* Et rien de plus. Cette mésinterprétation malintentionnée n'a certainement pas contribué à l'acceptation d'une théorie qui remettait en cause trop de questions sur lesquelles nous reviendrons.

La sélection sexuelle

La sélection sexuelle apparaît relativement brièvement, en 1859, dans la publication majeure de Darwin. Elle va être analysée plus en détail dans son ouvrage *La Filiation de l'homme et la sélection liée au sexe (*1871) qui traite également de l'évolution de l'espèce humaine. Il existe, en effet, un problème auquel se heurte Darwin : lors de l'étude de ses collections, apparaissent certaines questions que la sélection naturelle et la lutte pour la survie s'avèrent, à elles seules, insuffisantes pour leur interprétation. Différentes observations et circonstances font que l'auteur en vient finalement à la conclusion que l'évolution doit également dépendre de facteurs héréditaires, donc être liés à la reproduction sexuée. Ce qui suggère une compétition intraspécifique entre les reproducteurs des deux sexes. Quel type de compétition ?

Pour compléter les mécanismes de la sélection naturelle, Darwin propose d'affecter aux compétiteurs reproducteurs des caractères secondaires spécifiques, insistant particulièrement sur l'importance de différents facteurs d'apparence (par exemple la queue du paon ou les bois du cerf) intervenant dans des processus d'accouplement. Plus exactement dans la constitution des couples reproducteurs.

Sont également à considérer des questions de comportements tels que les parades de séduction. Cela dit, Darwin insiste sur le dimorphisme sexuel, c'est-à-dire sur les différences existant entre mâles et femelles d'une même espèce. A propos de caractères sexuels secondaires spécifiques au dimorphisme, il précise que la sélection sexuelle « *dépend de l'avantage que possèdent certains individus sur d'autres de même sexe et de même espèce uniquement concernant la reproduction* ». Il reporte ainsi la sélection sur la compétition exercée entre individus de même sexe, d'une même espèce, pour la reproduction. C'est à dire sur la constitution des couples mâle-femelle. C'est cette compétition intraspécifique qu'il qualifie de « sélection sexuelle ». Mais de tels caractères sont effectivement secondaires, car ne concernant pas l'adaptation à la survie. Ils ne vont donc pas directement dans le sens des principes de la sélection naturelle. Darwin justifie ainsi l'extension de sa théorie au moyen de cet ensemble de caractères secondaires affectés au dimorphisme sexuel intraspécifique.

Finalement, la sélection sexuelle se traduit, d'une part, par une compétition entre les reproducteurs du même sexe avantageant les mieux dotés d'attributs secondaires et les plus compétitifs et, d'autre part, par la sélection copulatoire directe, lors de parades, des femelles dans leur choix des reproducteurs. C'est donc de la sorte qu'interviennent les fonctions des caractères secondaires spécifiques aux questions de reproduction, donc d'hérédité. Ainsi, par un effet d'accumulation au fil des générations, se créent et se développent des attributs pouvant parfois, chez les mâles, atteindre l'hypertélie et constituer un handicap pour leur survie (cas des handicaps de la queue du paon comme des bois du cerf...). Dans de tels cas, la sélection naturelle n'intervenant qu'à titre indirect à travers ces attributs secondaires, il peut même arriver qu'elle soit contrariée par leur hypertélie.

Il n'a évidemment pas échappé à Darwin qu'il existe des exceptions, par exemple chez les oiseaux polyandres, sa théorie restant valable à l'inversion des intervenants près.

Discussion de la sélection sexuelle

La sélection sexuelle, ou « lutte pour la reproduction » est, pour des raisons vues précédemment, la partie complémentaire de la sélection naturelle. Ayant pour but la reproduction, elle se compose de deux actions complémentaires : d'une part, la compétition entre mâles impliquant une sélection transsexuelle, d'autre part, la sélection des reproducteurs par les femelles initiant une sélection intersexuelle.

On a dit que c'est à propos de la transmission des facteurs héréditaires par voie sexuelle que Darwin a été amenée a introduire des caractères secondaires n'intervenant pas dans la compétition pour la survie. Il se crée ainsi une sorte de hiatus dans la continuité du processus sélectif provoquant certaines oppositions de principe quant à sa linéarité. Ce fut le cas de son ami Wallace qui alla jusqu'a contester la méthode. Plus tard, ce dernier en tenta l'unification en dérivant la seconde sélection de la première. En vain. Il faudra attendre un grand continuateur de Darwin, le statisticien britannique R. Fisher (1890-1962) qui, au début du XX° siècle, contribuera à la formulation mathématique cohérente du principe de la sélection naturelle.

Une autre objection d'ordre anthropomorphique concerne l'accusation d'une sélection sexuelle favorisant les « mâles aux attributs les plus développés » ainsi que la question du « choix de la femelle ». Ce type de sélection intrasexuelle souleva de nombreuses objections, certaines de nature machiste. Pourtant les caractéristiques du potentiel reproductif d'une espèce dépendent effectivement de certains caractères secondaires comme l'ont montré, plus tard, des expérimentations attestant notamment la réalité du choix des femelles.

La question du dimorphisme (différence entre mâles et femelles) restait également mal perçue, car mal justifiée. Il ne s'explique pas uniquement par des raisons sexuelles, dont le développement de parures et de rituels chez les mâles, car intervient également une forme de sélection naturelle compétitive et des questions d'adaptation. Les plus performants de chaque sexe ayant plus de chances de s'accoupler, donc d'avoir plus de descendances, il y a un effet d'accumulation de leur patrimoine. Il faut également remarquer, ici encore, que les vaincus tendent à disparaître par manque de descendance. Mais la sélection sexuelle est moins sévère que la sélection naturelle.

Darwin considérait que les espèces évoluent graduellement se modifiant relativement lentement au cours du temps, sans mutations brutales. Ce qui apportait aux individus et à l'espèce des avantages pour la reproduction et la survie. Ce point de vue sera discuté par certains de ses successeurs.

À propos de l'humanité, Darwin a écrit que « *la sélection sexuelle a été l'agent le plus puissant dans la transformation des races humaines* », précisant que la sélection sexuelle s'observe à des degrés divers chez tous les peuples de la terre.

L'Affaire Alfred Russel Wallace

A l'époque du voyage de Darwin, des naturalistes londoniens commencent à se poser des questions sur la diversification des espèces, et sur leurs transformations, notamment Sir John Herschel, fils du célèbre astronome Sir William Hersche. Mais le débat restera restreint par suite des risques de déstabilisation sociologique dans une période socialement instable. C'est pourquoi Darwin, fort de son antériorité et soutenu par ses collègues et amis dont Joseph

D. Hooker, Thomas H. Huxley et Charles Lyell, retardera la publication de *De l'Origine des Espèces*, craignant des retombées inopportunes.

Mais la situation va se compliquer parce qu'il se trouve qu'un collègue, le naturaliste britannique Alfred Russel Wallace (1823-1913) géographe, anthropologue et biologiste, qui fut l'un des principaux théoriciens évolutionnistes de l'époque, travaillait sur un sujet équivalent, bien que d'un point de vue légèrement différent de celui de Darwin. En effet, contrairement à de ce dernier, Wallace est d'abord un naturaliste géographe explorateur, persuadé de la transmutation des espèces par ses observations sur le terrain. Il publie, en 1855, un article intitulé *On the Law which Has Regulated the Introduction of New Species* (Sur la loi qui régit l'introduction de nouvelles espèces). Il y déclare que *« des études géologiques, qui ont montré que l'état actuel de la terre, et les organismes qui l'habitent maintenant, ne sont que la dernière étape d'une longue série ininterrompue de changements qu'elle a subi, et par conséquent, que de chercher à expliquer et à rendre compte de son état actuel, sans aucune référence à ces changements (comme on l' a souvent fait), doit conduire à des conclusions très imparfaites et erronées »*. Article qui convainc Lyell que, contrairement à ce qu'il pensait et avait écrit dans les *Principles of Geology*, les espèces vivantes ne sont pas immuables. D'où son intérêt pour les travaux de Darwin et, après que ce dernier lui en eut fait l'exposé, il l'engagea vivement à les publier pour s'en assurer la priorité.

Darwin et Wallace commencent à échanger des informations scientifiques et Wallace lui annonce, en 1858, que, dans un délai d'environ deux ans, il compte publier ses travaux sur l'évolution des espèces. Darwin comprend alors la nécessité d'accélérer la publication de son ouvrage. D'autant que, cette même année, il reçoit l'essai de Wallace intitulé « *On the Tendency of Species to form Varieties* »

(Sur la tendance des espèces à former des variétés) dans lequel les analogies entre les travaux de ces deux auteurs sont grandes bien que Wallace n'attribue pas les divergences évolutionnistes à une sélection naturelle, mais à des pressions environnementales. Sur l'insistance de ses amis, Darwin va laisser Lyell organiser une communication de texte sur sa théorie, qu'il a rédigée, ainsi que le manuscrit de Wallace (alors absent d'Angleterre) à la *Linnean Society of London* (le 1er juillet 1858). Finalement les deux hommes vont devenir amis, Wallace devenant un ardent défenseur de *L'Origine des espèces*.

Differences entre Darwin et Wallace

Si les idées de base de ces deux auteurs étaient analogues, il existait tout de même des différences. Chez Darwin le facteur essentiel est la compétition entre individus d'une même espèce pour la reproduction, là ou Wallace privilégie la pression écologique d'adaptation des espèces à leur environnement sous peine d'extinction. Au sens moderne, Wallace considère la sélection naturelle comme une rétroaction de régulation à l'adaptation. Et, à la différence de Darwin, Wallace insiste sur la différence existant entre les espèces sauvages soumises en permanence à la lutte pour la survie et les espèces domestiques dont les conditions d'existence sont assurées. Donc, selon lui et contrairement à Darwin, les conditions de la sélection naturelle sont différentes de celles de la sélection artificielle ce qui distingue ces deux groupes. Ils divergent également sur le rôle et les effets de la sélection sexuelle selon laquelle la compétition entre individus pour l'accouplement est un facteur de l'évolution de certains traits héréditaires. Pour Darwin la relation reproductive est favorisée par la sélection de certains caractères secondaires qui accroissent les chances de succès sexuel, essentiellement des mâles. Wallace ne partage pas ce point de vue, notamment après la publication par Darwin de *The Descent of Man, and Sélection in Relation to Sex* (La Filiation de l'Homme et la Sélection en relation avec le sexe) en 1871.

Un autre point de divergence entre Wallace et Darwin, plus subtil, concerne la téléologie de l'évolution. On a dit que Darwin y était fondamentalement opposé, et il n'était pas le seul. En revanche, Wallace considérait que la sélection naturelle, en soi, était incapable d'expliquer les développements de l'esprit humain et de ses capacités, dont la conscience, raisons pour lesquelles il se serait intéressé au spiritisme. Point de vue considéré comme anthropocentrique au sens darwinien. Il n'en reste pas moins vrai que Wallace fut un défenseur efficace et parfaitement honnête de la sélection naturelle, comme le montre son ouvrage *Darwinism* publié en 1889 qui répond aux critiques concernant cette théorie

La cellule à l'époque de Darwin

Les améliorations spectaculaires du microscope, au cours du XVII° siècle, avaient permis à un expérimentateur hors pair, le britannique R. Hooke (1635-1703), d'observer et d'introduire le terme de « cellule » dans les végétaux. Il fallut cependant attendre le XIX° siècle, et la correction des aberrations chromatiques des microscopes, pour comprendre et généraliser ce concept. Ce qui fut fait par le physiologiste allemand T. Schwann (1810-1882), en collaboration avec l'histologiste M. Schleiden (1804-1881). Ils proposèrent, en 1839, une première théorie cellulaire faisant la synthèse des résultats connus de l'époque, dont ceux de l'anatomiste et physiologiste J.E. Purkinje (1787-1869) découvreur de nombreuses structures micro-anatomiques, et des cellules du cervelet qui portent son nom. En émettant l'hypothèse que la cellule est un élément constitutif universel du vivant, ces auteurs jettent les bases de la théorie cellulaire.

Dans son ouvrage publié en 1839, Schwann propose une modélisation cellulaire très sommaire, tant en ce qui concerne sa composition que ses structures ou ses divisions. Mais elle y est reconnue comme une unité fonctionnelle universelle, soit isolée soit en groupements organiques.

Schleiden montre également le rôle joué par le noyau, découvert par R. Brown en1831, en particulier dans la division cellulaire, après que G.G. Valentin (1810-1883) ait décrit l'existence de noyaux et de nucléoles dans les cellules animales. Certaines fonctions sont attribuées à des microstructures internes, appelées organites, qui y sont incorporées. Et on admet qu'elles contiennent les données (l'information) nécessaires à la reproduction assurant ainsi le maintien, le développement et la multiplication des organismes

Le médecin pathologiste Rudolf Virchow (1821-1902), l'un des fondateurs de l'anatomie pathologique, apporte des arguments forts à cette théorie. En tant que spécialiste du cancer, le modèle cellulaire lui permet d'en réinterpréter les mécanismes à ce niveau fonctionnel. On lui doit la phrase célèbre : « *omnis cellula ex cellula* » (*toute cellule provient d'une cellule* ; in *Die Cellularpathology* -1858). Affirmation qui aurait dû mettre un point final à la génération spontanée, ce qui ne fut pas le cas ! Cette théorie fut contestée par différents auteurs, dont A. Comte qui alla jusqu'à remettre en cause l'interprétation des images du microscope. Elle s'opposait également aux déclarations des créationnistes objectant l'histoire de la poule et de l'œuf...! Le problème, avec les créationnistes, c'est qu'ils utilisent des arguments scientifiques... pour contester la science !

Un complément à Darwin : les mutations

Ce fut le botaniste H. De Vries (1848-1935) qui, vers 1890, introduisit le concept de mutation, soit une huitaine d'années après la disparition de Darwin. Ce fut un tournant dans le darwinisme, car, on l'a dit, le facteur d'évolution sans cause attribué au hasard était mal accepté, voire refusé, car mal compris. Aussi la mutation résolvait-elle ce problème en justifiant la variabilité darwinienne, donc la biodiversité. Par la même occasion De Vries, ainsi que deux autres collègues, redécouvrent les lois de Mendel.

Une mutation est une modification de l'information génétique. Elle peut être soit naturelle, soit provoquée, soit accidentelle. Dans le premier cas, étant aléatoires, les mutations naturelles peuvent être spontanées, résultant de causes mal déterminées. On peut également les provoquer par des agents mutagènes, généralement d'origine chimique, ou par des processus physiques tels que les rayonnements ionisants.

Il existe plusieurs classes de mutations selon les parties de l'information génétique qu'elles affectent. Les mutations germinales concernent le patrimoine génétique alors que les mutations somatiques ne sont jamais héréditaires. Les premières, à l'origine de la variabilité génétique, peuvent être dynamiques, c'est-à-dire être transgénérationnelles. Conformément à la théorie darwinienne de l'évolution, elles peuvent soit procurer des avantages sélectifs, soit être délétères ou même létales et favoriser l'élimination des porteurs. Il se trouve cependant que la plupart des mutations sont neutres c'est-à-dire sans effet sur la sélection naturelle.

Un cas intéressant concerne la dérive génétique. Lors de la séparation d'une même population en différents groupes géographiquement isolés (colonisation), d'importants écarts peuvent apparaître au cours de l'évolution de ces groupes. Des phénomènes aléatoires localisés, donc imprévisibles, peuvent affecter leur évolution respective. C'est le phénomène de dérive génétique dû au hasard du brassage de l'information sexuelle lors de la formation des couples. Car lors de la séparation, chaque groupe d'individus n'emporte qu'une partie aléatoire du patrimoine génétique de l'ensemble de la population initiale. Il peut même en résulter un isolement reproducteur et aboutir à une spéciation.

La dynamique des mutations obéit à des processus stochastiques qui, n'étant pas déterministes, peuvent être étudiés par voie statistique. De telles études concernent, par exemple, les effets mutationnels des faibles doses de toxiques, dont les rayonnements ionisants.

La question de la complexification croissante

Les différents travaux de paléontologie montrent que, dés leur apparition sur la planète, les êtres vivants ont manifesté, au cours du temps, une double tendance : à la diversification et à la complexification. Ces deux aptitudes ont, de fait, des effets associatifs, l'adaptation allant de pair avec la complexification en fonction des transformations des milieux. Pour la première, la théorie darwinienne rend bien compte de la variabilité des espèces nécessitée par l'adaptation aux différents milieux de peuplement, à leurs modifications et à leur extension. Un problème permanent étant celui de l'appropriation de ressources nouvelles.

En revanche pour la seconde aptitude, la complexification évolutive croissante des espèces au cours du temps, il s'agit d'un phénomène observé, mais qui demeure plus ou moins obscur. D'une part, il conviendrait de définir ce qui est sous-entendu par le terme « complexification » dont la signification n'est pas univoque. D'autre part, on observe que, souvent, la « complexification » est confondue avec le « progrès » au sens de Condorcet, présupposé parfaitement injustifié ; la Nature méconnaît ce concept anthropique.

Étant observé chez presque toutes les espèces, ce phénomène semble général. Il conduit à déduire que les formes vivantes primitives devaient être les plus simples, celles qui ont vraisemblablement initié le peuplement primaire du milieu marin. Mais les causes de ce phénomène restent mal appréciées. Aussi, faute d'autres arguments, les biologistes déclarent-ils que *« c'est une tendance « naturelle » de l'évolution »* ! Ce n'est évidemment pas une explication, seulement une constatation. D'ailleurs si ce processus n'existait pas, on ne comprendrait pas pourquoi la nature ne se serait pas arrêtée à la bactérie et aurait « bricolé » (F. Jacob) des formes plus complexes. D'un point de vue actuel, les organismes vivants sont considérés comme des structures dissipatives (au sens de Prigogine) soumises aux lois thermodynamiques de tels systèmes ouverts. Elles permettent de prévoir des processus d'auto-organisation et l'intégration de l'évolution du simple au complexe. Cela ne signifie pas que le simple ne soit pas adapté à son milieu, mais que, sous certaines conditions, des contraintes croissent de façon imprévisible et déstabilisante. En fonction du niveau de complexité, au-delà d'un certain seuil certaines structures induisent des propriétés émergentes pouvant changer le cours de l'évolution. Ce fut certainement le cas pour l'apparition d'Homo Sapiens sapiens.

L'évolution complexifiante établit une sorte d'organisation de hiérarchies fonctionnelles des différentes espèces. Il est possible que des relations d'ordre nécessitent de tels processus de stabilisation des espèces dans la diversification pléthorique du vivant. C'est, par exemple, le cas dans les relations compétitives entre un prédateur et sa proie qui sont contraintes par les équilibres écologiques. Sans elles, régnerait le chaos impliquant un tel désordre fonctionnel que la vie n'aurait pas pu se développer.

Il existe quelques rares cas considérés par certains comme des évolutions régressives, mais qui sont plus ou moins contestés. Et le panchronisme, c'est-à-dire l'invariance de quelques rares espèces sur des centaines de millions d'années, suscite également quelques contestations : une apparente stabilité morphologique est insuffisante pour conclure au panchronisme ; il faudrait aussi considérer les données anatomiques internes et le patrimoine génétique (cas du cœlacanthe).

La diffusion du darwinisme

L'*Origine des espèces* fut diversement accueillie par les biologistes européens. La critique portait sur certaines idées qui y étaient exposées, qu'il s'agisse de l'évolution et de ses causes, la variabilité étant mal comprise, ou de la sélection naturelle. En Angleterre, outre Wallace et Lyell, T. Huxley fut le soutien de Darwin le plus actif malgré certaines réserves. En revanche, la plupart des paléontologues n'y adhérèrent pas. Son adversaire le plus irréductible fut le paléontologue R. Owen « l'inventeur des dinosaures » qui fut un adepte actif d'un nouveau courant de pensée : la *naturphilosophie* (école physio-philosophique). Il s'agissait d'un mouvement à caractère scientifico-romantique qui se développa d'abord en Allemagne avant de diffuser en Europe dans la seconde moitié du XIX° siècle. Ce mouvement eut de l'influence sur les travaux des naturalistes allemands qui contribuèrent largement à la mise au point du modèle cellulaire.

Cette philosophie, qui fait une large place à l'étude du vivant, intervient assez largement dans l'esprit du temps d'autant qu'elle regroupe quelques personnages influents (Goethe, Nietzsche). La question posée est celle de l'interprétation de la prodigieuse multiplicité des espèces. Ses explications ne vont pas dans le sens du darwinisme. En effet, elles font plus appel à *« l'intuition immédiate et à la parenté des formes »* qu'à l'expérience et l'observation.

Ce mouvement prétend introduire une explication teintée de métaphysique dans les récentes découvertes scientifiques. Il s'agit d'une réaction de l'idéalisme romantique allemand contre la vision dominante froide de la physique mathématique de Descartes et de Newton jugée trop mécaniciste, trop matérialiste. La Naturphilosophie est teintée d'une coloration panthéiste sans être exempte d'un certain nationalisme.

Même si l'esprit n'y était pas vraiment, les travaux de Darwin allaient pourtant dans le sens de l'idée d'unifier les fondements des sciences de la Nature, ce qui contribua à leur diffusion. Notamment en Allemagne, malgré les réserves ci-dessus, où le darwinisme eut un défenseur efficace : l'anatomiste E. Haeckel ((183-1919) partisan actif de l'évolution.

En France, où l'influence de Cuvier se faisait encore sentir, l'accueil fut plutôt défavorable d'autant que la traduction de *L'Origine des espèces*, due à une féministe convaincue et active, n'était pas dépourvue de considérations politiques hors sujet. L'évolution et sa théorie darwinienne attendront la fin du siècle pour diffuser à partir des naturalistes de l'École Normale Supérieure.

Oppositions et critiques du darwinisme

La première des critiques de la théorie de l'évolution darwinienne provient des milieux religieux qui s'opposent violemment à toute contestation des Textes sacrés fondant leur croyance. Il s'agit d'une opposition de principe qui va engendrer un large mouvement d'opposition, le créationnisme, particulièrement puissant dans les pays protestants, dont les Etats-Unis. Outre différentes formes de contestation, les créationnistes s'opposèrent violemment à l'enseignement du darwinisme, querelle qui n'est pas éteinte, comme nous y reviendrons (annexe II). Ils ont réagi en concentrant leurs critiques sur l'architecture de la théorie, manifestement mal interprétée, et ont fini par proposer un bricolage pseudo scientifique : le dessein intelligent (*Intelligent Design*), thèse prétendant que certaines observations du monde seraient mieux expliquées en admettant l'existence d'une cause intelligente plutôt que par l'effet du hasard et de la sélection naturelle.

Une autre critique dépassant largement l'opposition religieuse contesta l'intégration de l'homme à la filiation animale. Ce fut la querelle tronquée dite « *du singe* ». Elle est tronquée à un double titre. D'une part, Darwin n'a jamais dit, ni écrit, que « l'homme descend du singe », mais seulement qu'ils ont un ancêtre commun qui n'était ni un humain ni un singe. On sait aujourd'hui que la divergence eut lieu il y a environ 5 à 7 millions d'années, chaque lignée ayant ensuite évolué de façon indépendante. Une telle erreur provenait d'une incompréhension du raisonnement darwinien. D'autre part, certains critiques ne sont pas exempts d'une évidente mauvaise foi, particulièrement en dérivant le sens de la sélection naturelle discriminée vers l'élitisme par le choix « du plus apte », donc par l'élimination de qui ne l'est pas, ce qui est un détournement du sens de ce mécanisme.

Une troisième forme de critique est d'ordre philosophique. Dans son essence même, et par sa structure, la théorie de la filiation des espèces exclut intrinsèquement toute finalité de l'évolution. Ce qui, tant pour les religieux que pour nombre de cercles philosophiques finalistes, est absolument irrecevable. Différentes objections de circonstance furent avancées tentant d'invalider cette théorie. D'autres argumentaires prétendaient justifier l'orthèse, ou évolution orientée. Ou expliquer la complexification croissante dont le but aurait été, selon les idées de Lamarck et du transformisme, l'amélioration sans fin des performances des individus. Certains contestataires se référaient aux Lumières et aux écrits de Condorcet et Diderot, prônant l'avènement d'un progrès civilisationnel indéfini. Les arguments plus ou moins contournés ne manquaient pas.

La plupart de ces objections présentent généralement le défaut majeur de prétendre s'opposer à une théorie scientifique, l'évolution darwinienne, avec des arguments qui ne le sont pas. C'est un vice rédhibitoire fréquent, propre à nombre de détracteurs de théories scientifiques auxquelles ils n'adhèrent pas. Un exemple flagrant d'une telle déviance est, comme dit ci-dessus, le dessein intelligent qui, n'étant pas falsifiable au sens de Popper, ne peut être qualifié de scientifique.

Ces raisons ont fait que de nombreux scientifiques déterministes, fidèles au postulat d'objectivité de la Nature, donc opposés au finalisme, ont fini par se rallier à l'évolution darwinienne. Mais parfois avec plus ou moins de réserves techniques, l'une d'elles étant l'étrangeté d'un panchronisme (néolamarckisme) qui, on l'a dit, était mal interprété.

Certaines questions liées à la thermodynamique se sont également posées, le vivant étant générateur d'ordre contrairement au deuxième principe de la thermodynamique alliant l'évolution des systèmes physiques à l'accroissement du désordre. Principe mal compris à l'époque. Car si le vivant darwinien est bien un système physique à part entière, c'est également un système *ouvert* c'est-à-dire qu'il a des échanges avec son environnement. Auquel cas le second principe de la thermodynamique ne s'applique pas. Ce que l'on percevait mal à l'époque. Il fallut attendre les travaux fondamentaux de Boltzmann et de Gibbs sur l'entropie, postérieurs à ceux de Darwin, pour résoudre cette question.

Des critiques d'un autre ordre, de nature idéologique et sociologique, ont été formulées contre certaines utilisations hasardeuses du darwinisme, que l'auteur lui-même désapprouva. Il l'exprima lors de la parution de son ouvrage *La Filiation de l'homme et la sélection liée au sexe* (1871) qui traite de la théorie de l'évolution appliquée à l'homme et de la sélection sexuelle. C'est là que se trouvent en germe les idées de base qui serviront à une déviance appelée « darwinisme social » (annexe I). Il s'agit généralement d'une extension audacieuse de l'idée de sélection appliquée à des sociétés humaines, à leur évolution et à leurs problèmes sociaux, économiques et politiques, voire culturels.

Une importante dérive est due au sociologue et philosophe H. Spencer (1820-1903). Défenseur d'une forme d'évolutionnisme copiant le modèle darwinien appliqué à l'humanité, il postule que celle-ci obéit à des lois sélectionnistes et réductionnistes de sorte que les conflits (« *la lutte entre les races* ») seraient source de progrès. C'est Spencer qui qualifia la sélection naturelle de « *sélection des plus aptes* », apostrophe élitiste célèbre que Darwin n'apprécia guère, pas plus qu'il n'appréciait son auteur. On assiste à un certain hégémonisme de la pensée évolutionniste spencérienne qui diffuse en Europe. Il déclare, dans son ouvrage *First principles* (1862 (Premiers principes) que l'évolution humaine dépendrait d'une loi physique universelle initiant une « physique sociale » associée à des lois ultimes gouvernant les phénomènes sociaux. On le retrouve dans l'Évolutionnisme, mouvement philosophique initié par les fondateurs de l'anthropologie. Ce mouvement est finaliste, ethnocentré en ce sens qu'il confond « évolution » et « progrès », le but étant l'aboutissement « *du primitif à l'homme civilisé* ».

Sans insister, indiquons que K. Marx et F. Engels ou J. Guesde, et quelques autres auteurs communistes s'en sont également largement inspirés. Se référant au darwinisme, ils prônent des applications sociopolitiques aux organisations humaines et plus particulièrement au capitalisme naissant. Ils imaginent « *la lutte des classes* » et discourent sur les conséquences politiques et économiques de leur utopie. Postuler que la société se comporterait comme un organisme vivant sur lequel une forme de sélection naturelle s'appliquerait à l'évolution sociale, politique et économique n'est pas une opération neutre, ni sans risques, comme l'histoire du XX° siècle l'a sinistrement démontré !

Darwin, qui était profondément antiraciste, s'opposa violemment à ces extensions qu'il estimait injustifiées, car, selon lui, il s'agirait d'une forme de sélection artificielle laquelle n'est applicable qu'aux animaux et aux plantes d'élevage. L'imposer aux hommes conduirait à une régression avec le danger d'un retour vers l'état primitif.

Le néoconservateur F. Galton (1822-1911), eugéniste convaincu, alla même jusqu'à proposer d'appliquer une sélection humaine artificielle en éliminant les individus les plus faibles. Position qui mène au « racisme scientifique ». Certains de ses successeurs, en particulier européens, ont envisagé une telle sélection artificielle. Qui a conduit certains à un racisme aveugle dont le XX° siècle a pu mesurer les dérives et leurs dramatiques conséquences !

Discussion

Les mécanismes de la sélection naturelle ont, le plus souvent, été mal compris et mal interprétés. Ce qui explique le rejet du darwinisme par une partie des milieux scientifiques et intellectuels du XIX° siècle. Les principales difficultés se situent d'abord sur le plan général de la connaissance. En effet, par ses conséquences philosophiques, cette théorie impliquait un renouvellement du cadre de la pensée européenne ou, plus exactement, un reniement de ses bases qui restaient essentiellement celles de la philosophie aristotélicienne, celles d'une certaine conception de la nature qui en constituait le principal fondement. Notamment l'importance de son finalisme : « *La nature ne fait rien en vain ni de superflu* » (principe finaliste aristotélicien dans *La Génération des Animaux*) qui restait caractéristique d'une société encore largement dominée par la pensée religieuse.

Par la filiation des différentes espèces, les mécanismes mis en cause contiennent les éléments d'une profonde révolution intellectuelle : l'homme n'est plus de « création divine », mais il fait partie de la Nature, il lui appartient à part entière, donc il est soumis à ses lois. Comme toute téléologie est également évacuée, tout théisme religieux disparaît dans cette nouvelle vision de l'aventure humaine.

L'homme perd sa position « d'élite choisie des dieux ». De ce fait, tournant conceptuel énorme, sont éliminées les différentes histoires mythologiques créatrices et fondatrices de la plupart des civilisations. Elles sont remplacées par *une seule et unique* histoire de l'homme. Histoire qu'il va évidemment être tenté d'écrire s'il parvient à s'en donner les moyens. Le darwinisme est donc perçu comme une tentative de mettre fin à ce monde des croyances, des illusions, à celui de l'irrationnel, en un mot à celui de l'obscurantisme. Particulièrement pour ce qui concerne la question des origines : celle de l'homme et de son intelligence, celle de la vie ou celle de l'Univers.

Ainsi, en signant la fin du finalisme, du fixisme, du statisme, de l'essentialisme de l'*Organon* d'Aristote et de l'*Almageste* de Ptolémée, le darwinisme heurte-t-il frontalement l'esprit, les traditions et les mœurs de cette fin de siècle. Le renouvellement des idées est tel qu'il faudra du temps pour en prendre conscience et en assimiler les conséquences. D'autant que la science ne s'est pas encore complètement affranchie des tutelles religieuses ni de l'influence de certains auteurs du siècle précédent, qui reste forte. Dont celle de Kant qui, dans ses *Opuscules sur l'histoire*, émet l'hypothèse d'un système téléologique de la Nature avec, là encore, le progrès pour finalité, idée qu'il reprend dans sa *Critique du jugement* (1790) ou, pour justifier la téléologie, il fait intervenir la quatrième cause d'Aristote. Et Il en va de même pour certains auteurs des *Lumières*, dont Condorcet avec son *Esquisse d'un tableau historique des progrès de l'esprit humain* (1795). Nombre de ces écrits sont diffusés à travers l'Europe du XIX° qui, de surcroît, connaît de sérieux avatars politiques et militaires.

Il y a une différence essentielle entre les idées de Darwin et celles des faux évolutionnistes que sont Comte, Morgan, Marx, Engels, Spencer et quelques autres. Pour le premier, qui a une idée séculaire du monde, il n'y a pas de but, seule agit une adaptation *locale* du vivant à son environnement. Les seconds, qui ont une vision éthérée d'un monde schématique conflictuel, désirent le voir évoluer et, si possible, s'améliorer pour (supposent-ils !) le bien du plus grand nombre. Du moins, dans le principe de leurs déclarations. Pour atteindre un tel objectif, plus mythique que réel, mais qui est une constante de leur raisonnement, le mot d'ordre capital est « *le progrès* ». Terme dont ni la signification ni le contenu ne sont précisés. De fait, il s'agit d'une question d'interprétation du concept de « but » : celui de Darwin est local, humain, réaliste, c'est une espérance d'adaptation convergente rationnelle de la vie aux conditions de la Nature. Celui des faux évolutionnistes se voudrait global et idéaliste alors qu'il n'est, en fait, qu'utopique, quasiment mythologique, et surtout entaché d'irrationnel : il s'agit d'un avatar d'une sorte de finalisme théiste. En fait, d'une autre sorte de religion.

Conclusion

La théorie darwinienne de l'évolution et de la filiation des espèces présente le défaut d'être en avance sur son temps. Par absence de bases théoriques suffisantes, elle n'est pas équilibrée, car, outre les mutations, il manque à son auteur une donnée capitale : la génétique. C'est elle, avec toutes ses potentialités, notamment celles concernant l'hérédité et le code de la vie avec les acides nucléiques et les mécanismes mutationnels, qui va permettre d'éliminer la plupart des critiques techniques des opposants. La découverte de la complexité cellulaire contribuera également à une meilleure compréhension des mécanismes de la vie. Le complexe fonctionnement des mutations et celui d'un hasard mieux analysé, sources principales de l'évolution et de la nouveauté, éclaireront les différentes filiations ayant convergé vers l'homme, même s'il subsiste certaines obscurités.

On peut conclure que c'est Darwin qui a fait de la biologie une science de premier plan, l'une des grandes avenues du futur. Il a réussi l'exploit exceptionnel de bâtir en solitaire une théorie du vivant qui explique le maximum d'observations avec le minimum d'hypothèses (postulats). Et qui est elle même évolutive, comme l'ont montré les travaux du siècle suivant. Devenue la Théorie synthétique de l'évolution, elle est actuellement considérée comme une théorie de référence par la communauté scientifique.

Au départ, il s'agissait d'une synthèse des diverses connaissances et modifications acquises depuis la fin du XIX° siècle intégrant les lois de Mendel, la génétique des populations et, avec la découverte des chromosomes, l'information génétique. Puis, dans les années mille neuf cent quarante, ce sont J.B.S. Haldane, T. Dobzhansky, J. Huxley, E. Mayr qui introduisirent le terme de Théorie synthétique de l'évolution, où néodarwinisme. Théorie qui connut d'importants développements théoriques dans les années soixante-dix. Et dont les développements se poursuivent avec des moyens nouveaux, dont ceux de l'informatique et de la génomique.

Par ses conséquences philosophiques et socioculturelles, cette théorie fait toujours l'objet d'interminables et indécidables débats opposant le matérialisme au spiritualisme. Opposition probablement sans fin !

Il reste une question : Homo sapiens sapiens a-t-il atteint les limites de son évolution ? Une réponse plausible se trouve précisément dans les conditions d'une future l'installation de l'homme dans l'espace et dans les développements de l'intelligence artificielle appliquée au cyborg. Mais avec tous les risques que de tels développements incontrôlés pourraient potentiellement contenir.

Chapitre 5

Albert Einstein

Le concept d'Univers n'étant pas inné, son élaboration dépend de l'état des connaissances de l'époque considérée. C'est ainsi que le Monde d'Aristote, a qui est due l'idée d'éther absolument fixe, consistait en une fragile structure cristalline multisphérique, support mobile des étoiles. Elle s'imposa pendant cinq siècles. Vint ensuite l'astucieux modèle de Claude Ptolémée d'Alexandrie, exposé dans l'*Almageste (*II° siècle) qui fit autorité pendant quinze siècles. S'il décrit approximativement le mouvement des cinq planètes connues à l'époque, c'est dans un système géocentrique dans lequel la Terre est le centre d'un Monde absolument fixe. Vers la fin du XVII° siècle, ce modèle est éliminé par l'héliocentrisme. Mais si le Soleil est substitué à la Terre en tant que pôle dynamique central, rien ne change concernant la fixité du Monde. Trois siècles plus tard, la mise au point des grands télescopes va peu à peu dévoiler l'insignifiance de notre galaxie au sein d'un Univers plus étendu et plus complexe qu'imaginé jusqu'alors. La dynamique de Newton ne suffisant plus, la nécessité d'une description beaucoup plus générale s'imposait. Ce redoutable défi fut relevé par Albert Einstein avec sa théorie de la relativité qui s'avéra capable de fournir un cadre de représentation du cosmos adaptable aux découvertes nouvelles.

Au début du XX° siècle, les observations de l'astronome américain E. Hubble (1929) lui permirent de découvrir une loi prouvant l'expansion des galaxies. Découverte qui remettait irrémédiablement en cause une croyance ancestrale, celle du statisme cosmique. Cette évolution de l'Univers était inattendue et fut mal comprise. Einstein lui-même ne s'y rallia que difficilement alors que, pourtant, la possibilité d'une évolution dynamique cosmique était contenue dans ses propres équations. Mais cette propriété n'avait pas encore été découverte. Ces réticences vis-à-vis de l'abandon du concept philosophique de statisme – celui de l'Univers comme celui du vivant –, étaient des reliquats d'un fixisme profondément ancré dans la culture et l'esprit des temps passés. Ces recherches auraient pourtant dû remporter l'adhésion du monde scientifique puisqu'elles montraient que des vérifications expérimentales de la théorie de la relativité générale étaient réalisables.

Le monde avant Einstein

On a dit que les travaux de Copernic, Kepler et Galilée étaient à la base du modèle de système solaire mis au point par Newton. Le Père de la mécanique rationnelle a idéalisé le Monde observable en géométrisant l'espace qu'il suppose soumis à ses lois, dont l'attraction universelle caractérisée par la loi de la gravitation. Elles sont exposées dans son ouvrage *Philosophiae naturalis principia mathematica* (Principes mathématiques de la philosophie naturelle) (1687).

Dans cette mécanique, l'espace physique absolu est supposé matérialisé par une sorte de milieu particulier, l'éther. On a dit que le temps est également absolu, universel et tel qu'il « *s'écoule uniformément, indépendamment de toute action extérieure* ». Le temps et l'espace forment un couple dans lequel ils sont parfaitement séparés et indépendants, selon les propriétés que leur attribue Newton.

C'est la structure de référence invariante du Monde qui est universelle, infinie, homogène, isotrope, réelle et insensible à tout phénomène, quel qu'il puisse être. C'est dans ce cadre qu'évoluent tous les éléments, matériels ou autres, qui constituent son contenu, qu'il s'agisse aussi bien des étoiles (les galaxies n'étant pas encore découvertes) et des planètes que des objets quotidiens les plus usuels. Leur dynamique est gouvernée par des forces agissant sur leur masse, les interactions étant supposées se transmettre instantanément, donc avec une vitesse infinie.

A quelques restrictions près[9], étant bien vérifié par l'observation et l'expérience, le modèle du système solaire newtonien est considéré comme l'expression de la réalité. Il reste cependant une question essentielle : celle de la mise en évidence de cet éther, support censé être la matrice matérielle de ce Monde. Ce sont les tentatives destinées à résoudre cette question primordiale qui vont poser des problèmes se révélant finalement insurmontables !

En effet, dans la mécanique newtonienne il existe un principe de relativité du mouvement, déjà observé par Galilée, qui, bien que limité aux seuls mouvements rectilignes et uniformes[10], soulève la question suivante : comment distinguer effectivement l'état de repos d'un référentiel de son état de translation rectiligne et uniforme ? Utiliser une procédure mécanique, quelle qu'elle soit, reviendrait techniquement soit à mesurer une force, soit à observer un mouvement accéléré attaché à ce référentiel. C'est-à-dire utiliser un processus avec accélération, donc un processus mécanique incompatible avec un référentiel

---

[9] Des difficultés apparaîtront à propos de l'instantanéité de propagation de la gravité et du calcul de l'avance du périhélie de la planète Mercure.

[10] Le mouvement rectiligne et uniforme est celui observé quand aucune force n'est appliquée sur le mobile (première loi de Newton). La force mécanique définie par Newton est égale au produit de la masse du corps récepteur par son accélération.

inertiel. D'où la propriété essentielle suivante : la mécanique newtonienne ne permet pas la distinction effective entre un état de repos absolu et un mouvement de translation rectiligne et uniforme. En d'autres termes, *elle ne permet pas de distinguer le mouvement absolu.*

Caractériser le mouvement absolu nécessitait donc de recourir à d'autres méthodes que mécaniques. C'est ainsi que dans les siècles qui suivirent, les physiciens envisagèrent de recourir aux phénomènes lumineux, ou électromagnétiques. Cependant, quelles que soient les méthodes employées, et les tentatives furent variées, pendant près de deux cents ans elles ne se traduisirent que par des échecs. On tenta diverses explications, dont l'extrême petitesse des effets à détecter comparativement à une précision insuffisante des méthodes de mesure. Mais à la fin du XIX° siècle, l'échec d'une série d'expériences d'interférométrie optique de haute précision, due aux physiciens Michelson et Morley, commença sérieusement à semer le doute. Différentes explications plus ou moins *ad hoc* furent avancées, sans vraiment convaincre. Cet éther fuyant devenait de plus en plus mystérieux, sinon suspect ! Nous allons y revenir.

La géométrisation de l'espace

L'idée ancienne d'identifier l'espace physique à un espace géométrique ne devint opératoire qu'au XVII° siècle. On a dit que ce fut le résultat des travaux de Copernic, Kepler et Galilée sur le système solaire, mais également de Descartes qui inventa l'outil efficace que constitue la géométrie analytique (1637) unifiant la géométrie à l'algèbre. Et du calcul différentiel et intégral de Descartes, Newton et Leibniz. Cette géométrisation de l'espace physique est un moyen général bien adapté aux études des problèmes les plus variés auxquels, grâce à l'analyse géométrique, peuvent s'appliquer les méthodes mathématiques les plus puissantes. Jusqu'à la découverte, des géométries courbes (XIX° siècle), le seul espace géométro-physique connu était euclidien (« espace des parallèles insécables – sauf à l'infini ») et tridimensionnel. Et il resta pratiquement le seul utilisé jusqu'aux travaux d'Einstein. Cela dit, malgré sa généralité cette représentation n'est finalement qu'un modèle trop souvent confondu avec la réalité.

Sur le plan opératoire, un espace géométrique est concrétisé par un référentiel, ou repère, structure géométrique dite « système de coordonnées » qui permet le repérage des points, des courbes, des surfaces et des volumes. Pour définir les mouvements, il faut disposer d'un « compte temps », ou horloge. Pratiquement, un système de coordonnées comporte trois axes non coplanaires et un moyen de repérage temporel, le tout muni d'un système cohérent d'unités de mesure. Un repérage ponctuel correspond à un quadruplet de nombres le caractérisant. On a vu qu'il existe une classe particulière de repères, dit inertiels ou galiléens, qui, étant dynamiquement équivalents, sont les plus utilisés.

La formulation des équations qui expriment les lois physiques dépend du choix du référentiel et des unités. Par exemple l'étude de la dynamique du système solaire est plus simple dans le référentiel copernicien qui, bien que centré sur le Soleil, est supposé euclidien. En première approximation, la Terre est pratiquement un référentiel inertiel tant que la précision reste modérée. Le choix d'un référentiel non inertiel peut induire des forces supplémentaires telle celle de Coriolis ou la force centrifuge.

C'est pourquoi les physiciens se sont heurtés au problème suivant : comment écrire les lois physiques sous une forme mathématique qui ne dépende pas du choix du référentiel ? En d'autres termes : comment obtenir des équations dites « covariantes ». C'est précisément le but recherché par Einstein avec sa théorie de la relativité restreinte pour les référentiels inertiels, et de la relativité générale pour les mouvements accélérés. Celle-ci, encore appelée « principe général de covariance », assure l'invariance des lois, leur « covariance », quels que soient les référentiels utilisés.

L'éther

Le concept d'éther, vieille idée née d'un dieu grec remplissant les confins du ciel, est présent chez Platon et Aristote dans son Traité du Ciel (*De caelo)* qui reste un texte de référence jusqu'à la fin du Moyen Âge. Après différentes spéculations et interprétations, l'éther de Descartes est « *une substance subtile distincte de la matière, remplissant tout l'espace et permettant de fournir ou de transmettre des effets entre les corps* » assurant, selon cet auteur, les déplacements des planètes. Pour Newton, il est le vecteur de la transmission des forces gravitationnelles. Pour d'autres auteurs, dont Fresnel, celui de la transmission de la lumière (éther luminifère). Dans la physique post-newtonienne, la question de l'éther est devenue confuse, embrouillée, caractéristique d'une question mal posée parce que mal comprise. Car, jusqu'à une époque récente, il était absolument inconcevable d'admettre qu'un espace vide (« *sans médiation* » selon Newton) puisse transmettre quoi que ce soit. D'où l'introduction de cet éther vecteur aux étranges propriétés.

Si la plupart des physiciens post-newtoniens considéraient, avec Newton, que l'éther est un milieu absolument fixe dans lequel se déplace la Terre, sa vitesse de déplacement, qui serait sa vitesse absolue, devrait être mesurable. Or, en dépit de plusieurs tentatives utilisant soit des méthodes mécaniques, soit optiques, toutes ne connurent que des échecs. Ce qui suscita différentes tentatives d'explications plus ou moins *ad hoc* qui ne convainquirent pas vraiment les physiciens. Pour les uns, l'éther demeurait globalement absolument immobile indépendamment du mouvement terrestre. Pour d'autres, la Terre emportait dans son déplacement un « vent d'éther » qui pouvait être adaptable selon les circonstances et en masquait le déplacement par effet d'entrainement. Dans un tel contexte, il était hasardeux de discourir sur d'éventuelles propriétés de cet « éther subtil ».

Pour revenir à la structure de la lumière, Newton lui accordait une structure corpusculaire. Mais les expériences interférentielles de T. Young (1803) et de A. Fresnel (1818) démontrèrent de manière formelle son caractère ondulatoire. D'où un problème délicat : il s'avéra que l'onde électromagnétique de vibration lumineuse est transverse, c'est-à-dire perpendiculaire à sa propagation. Or seules les propriétés d'élasticité des solides permettent ce type de propagation, propriétés que doit donc posséder l'éther. Quelle peut donc être sa constitution ? Comment concevoir les déplacements terrestres et planétaires à travers un tel milieu « fluide luminifère », qui, cependant, doit avoir des propriétés d'un quasi solide !

Pourtant, en dépit de ce problème, ce fut finalement le point de vue de Fresnel, la constitution ondulatoire de la lumière, qui fut retenu, car il expliquait plus de phénomènes optiques, dont l'aberration. Puis, après les travaux de J. C. Maxwell sur l'électromagnétisme (1864) et ceux de H. A. Lorentz sur la théorie de l'électron (1895), c'est le concept d'un éther au repos qui s'imposa. Il devient le référentiel absolu et universel représentatif d'un monde absolument fixe. C'est donc par rapport à lui que doivent être écrites les équations de la physique, celles de la mécanique de Newton comme celles de l'électromagnétisme de Maxwell. Et c'est là que vont se poser d'insurmontables problèmes. Nous allons y revenir. Fort heureusement, le principe de relativité de Galilée permet l'utilisation de référentiels inertiels (sans accélération) dans lesquels les équations possèdent la même forme mathématique que dans le référentiel absolu. Et c'est bien la cause réelle des difficultés de sa mise en évidence.

En 1887, les expériences interférentielles de Michelson et Morley destinées à mettre en évidence cet insaisissable éther, échouèrent une fois de plus. Cet échec finit par remettre en cause toutes ces théories mécanicistes. Pourtant le concept d'éther subsista. Des théoriciens, H. A. Lorentz, J. Larmor, H. Poincaré, se mirent à rechercher des explications théoriques susceptibles de justifier ces insuccès. Certaines s'accompagnaient d'effets physiques aussi insolites qu'inattendus (effets physiques sur les longueurs et le temps dépendants de la vitesse). Et le doute ne fit que s'accroître. Selon Poincaré : *« Ce n'est là aussi* (l'éther) *qu'une hypothèse commode ; seulement elle ne cessera jamais de l'être, tandis qu'un jour viendra sans doute où l'éther sera rejeté comme inutile.*—(*in* La Science et l'hypothèse - 1902). Ce qui sera fait par Einstein trois années plus tard.

Pourtant, on peut remarquer que, bien que sous des formes entièrement différentes, de nos jours ce concept n'a pas vraiment totalement disparu pour des questions liées aux propriétés physiques de l'espace-temps de la relativité générale. Les développements récents de la physique quantique, et les propriétés énergétiques qu'elle attribue au vide (énergie quantique du vide, création de paires de particules virtuelles, champ de Higgs ; effet Casimir…), bien que sans rapport direct avec les conceptions pré-einsteiniennes, ne sont pas sans évoquer certaines des idées d'autrefois.

Le problème de la masse

La masse, paramètre physique fondamental invariant de la mécanique classique, caractérise la quantité de matière constitutive d'un corps. Elle est reliée au poids, paramètre local, par l'action qu'exerce la gravité du lieu, ou pesanteur. Il se trouve que la détermination de la masse pose un problème, car il existe deux possibilités pratiques : faire appel soit à son inertie[11] (action d'une force), soit à la gravité (action de la pesanteur). Le premier cas définit la masse *inertielle* et le second la masse *grave*. Leur seule propriété commune étant leur proportionnalité à la quantité de matière, il se pose une question primordiale pour établir une théorie mécanique commune : quel est le rapport entre ces deux types de masses ? L'expérience établit avec une précision remarquable que leur rapport de proportionnalité est constant et indépendant de la nature du corps considéré. Par ajustement des unités, il est possible de fixer ce rapport égal à l'unité donc, bien que d'essence différente, les masses inertielle et grave sont déclarées égales. Ce qui ne signifie pas « confondues ». C'est l'hypothèse de base du principe d'équivalence d'Einstein que nous verrons plus loin. On peut donc considérer qu'un corps « possède une masse » sans nécessité de précision.

Nous allons voir que la relativité restreinte ignore la masse grave et établit que la masse inertielle, qui varie avec la vitesse, est une forme équivalente d'énergie. Ainsi, et contrairement à l'hypothèse faite par la mécanique classique, elle n'est pas conservée au cours de ses transformations. Seul le couple formé par la masse et l'énergie (on parle de « masse-énergie »), ou énergie totale, est invariant. Propriété qui, par ses immenses conséquences, a révolutionné tant la physique que ses applications dans les technologies des sociétés contemporaines.

Nous verrons également que la relativité générale réinterprète l'égalité des masses grave et inertielle pour établir un principe d'équivalence autorisant l'établissement de la relativité du mouvement accéléré. La relation masse-énergie précédente est conservée dans le formalisme mathématique utilisé.

---

[11] *Principe fondamental de la dynamique* : la masse est égale à la résultante des forces appliquées divisée par l'accélération, dans un référentiel galiléen.

Le principe de Mach[12]

Le physicien et philosophe positiviste autrichien E. Mach (1838-1916) s'est intéressé à différents sujets de physique, en particulier à des travaux de mécanique traités dans son ouvrage *La mécanique. Exposé historique et critique de son développement (1883*). Il a posé une question intéressante concernant la masse : un espace vide (muni d'une particule test) posséderait-il des propriétés géométriques et inertielles ? Sa réponse est négative, Mach déclarant que l'inertie d'un corps est un effet lié à son interaction avec le reste de l'Univers : c'est un effet collectif. Il ne précise pas la nature de l'interaction. C'est une question qui demeure posée car, jusqu'ici, cette hypothèse n'a été ni confirmée, ni infirmée alors qu'elle n'est pas neutre. Pour Mach, l'accélération ne peut être définie que par rapport aux autres masses contenues dans l'Univers ; parler d'accélération dans un espace absolu vide est dépourvu de sens. D'ailleurs, dans un Univers sans matière, ni le temps ni la longueur ne peuvent être définis.

Sous sa forme actuelle, ce principe peut s'énoncer de la façon suivante : « les propriétés inertielles locales d'un système physique sont déterminées par la distribution matérielle dans la totalité de l'espace ».

Mach a développé une philosophie des sciences qui a eu une influence importante, notamment en Allemagne, aux XIX° et XX° siècles. Dans son ouvrage *La connaissance et l'erreur* (1905), il s'inspire de l'évolutionnisme de Darwin et Spencer et estime que la démarche de l'espèce humaine dans la science n'est pas désintéressée : ce n'est pas tant la vérité qu'elle y recherche, mais un moyen de conservation et de protection. Partisan de l'économie de pensée, Mach déclare que la science est *« un problème de minimum qui consiste à exposer les faits aussi parfaitement que possible avec la*

[12] C'est Einstein qui, le premier, a parlé de « principe de Mach ».

moindre dépense intellectuelle ». Une autre forme du rasoir d'Occam !

Einstein a été influencé par ce principe mais, à la fin de sa vie, il a considéré qu'il était préférable de l'ignorer (*Lettre à M. Besso 1954*)

Les premiers travaux scientifiques d'Einstein

Bien que célèbre en tant que théoricien, Einstein ne s'est cependant jamais désintéressé de l'aspect expérimental de la connaissance. Son premier article scientifique (1901) traite de la capillarité. Au début de sa carrière, entre 1901 et 1905, il s'intéressa aux aspects statistiques de la thermodynamique et de la théorie cinétique des gaz en introduisant les fluctuations, c'est à dire les écarts par rapport à la valeur moyenne des phénomènes étudiés. Sur ces bases nouvelles, Einstein reprit les calculs de Boltzmann sur la probabilité des états microscopiques dans l'établissement de sa formule de l'entropie. Il fit de même avec le rayonnement du corps noir en reformulant la relation de Planck et il en tira la justification de la quantification du rayonnement. C'est-à-dire l'hypothèse d'existence de « grains de lumière » (devenus plus tard les photons) liant leur énergie à leur fréquence. Einstein établissait ainsi la dualité de la lumière en tant que constituée « à la fois » d'ondes et de corpuscules, réconciliant (si l'on peut dire !) les points de vue de Newton et de Fresnel. C'est cette relation qu'il utilisera pour expliquer l'effet photoélectrique, en 1905, et pour en découvrir les lois. Il s'agit de l'émission d'électrons sous l'incidence d'un faisceau lumineux sur un métal, effet découvert par Hertz en 1887. Ce travail lui vaudra le prix Nobel de physique en 1921.

Une première démonstration théorique de l'existence des atomes, encore si contestée au début du XX° siècle, lui est due avec l'interprétation du mouvement brownien (en 1905). Il s'agit du mouvement erratique de micro grains de pollen dispersés dans de l'eau. Einstein utilisa à nouveau sa méthode de réinterprétation probabiliste de l'entropie, les fluctuations, pour expliquer ce phénomène. Il en tira la constante de Boltzmann, le nombre d'Avogadro et le libre parcours moyen, établissant ainsi la réalité des atomes et molécules. C'est ce sujet, en 1905, qui fit l'objet de son mémoire de thèse intitulé : « *Une nouvelle détermination des dimensions moléculaires* ». En 1912, Jean Perrin confirma expérimentalement la réalité de l'hypothèse atomique.

Einstein s'intéressera également à la théorie de la chaleur et au calcul de la chaleur spécifique des solides. Il avait une méthode bien à lui pour effectuer ses recherches : il construisait une expérience de pensée, la plus concise possible, et il tentait d'y appliquer la statistique.

Dans le même temps, nous allons voir qu'il établissait la théorie de la relativité restreinte qu'il publia en 1905.

Entre 1905 et 1916 Einstein consacra presque tout son temps à la mise au point de la théorie de la relativité générale. En 1913 une modélisation de la structure atomique de l'hydrogène avait été mise au point par l'un des pères de la mécanique ondulatoire naissante, le célèbre physicien danois N. Bohr (1885-1962). Il expliquait les séries de raies spectrales d'émissions lumineuses des atomes hydrogénoïdes soumis à un champ électrique. Einstein revint sur cette question en publiant, en 1917, un article essentiel intitulé *Sur la théorie quantique du rayonnement* dans lequel il établit des équations cinétiques décrivant les processus élémentaires d'émission et d'absorption de photons associés à des transitions entre les niveaux d'énergie des électrons atomiques de Bohr. Trente six ans plus tard, cette équation statistique de l'émission stimulée (ou induite), sera à l'origine de la mise au point du maser, bientôt suivie de celle du laser (1960).

Deux articles publiés en 1924-1925 traitent de la statistique des photons et des particules analogues. En fait, il s'agit d'une nouvelle statistique[13] de grande portée, car permettant le dénombrement des particules indiscernables. Il s'agit de l'une des deux classes connues de particules élémentaires, celle des bosons tels que le photon, mais également le célèbre boson de Higgs ou le graviton, tous deux de découverte récente. Et il en existe d'autres. Les bosons sont des vecteurs d'interaction assurant la cohésion de la matière. Les constituants élémentaires de celle-ci constituent la seconde classe de particules élémentaires, celle des fermions. Elles sont ainsi nommées, car elles obéissent à une statistique différente, celle de Fermi-Dirac

Les prémices de la relativité restreinte

Près de deux siècles après la formulation synthétique de la mécanique rationnelle due à Newton, on a dit qu'une même synthèse magistrale de l'électromagnétisme fut réalisée par J. C. Maxwell ((1831-1879). Jusqu'alors considérés comme distincts, les phénomènes et les comportements des charges, courants et aimants furent unifiés par sa théorie de l'électromagnétisme. Elle se traduit par un groupe de vingt équations réductibles à quatre équations différentielles après un remarquable travail de synthèse réalisé par le physicien O. Heaviside. Ces équations, celles des champs électrique et magnétique, constituent la théorie de l'électromagnétisme qui est la synthèse des travaux des prédécesseurs de Maxwell, principalement ceux de M. Faraday et A. M. Ampère.

Par la même occasion, cette théorie intégra l'optique après que Maxwell eut démontré que la lumière est également un phénomène électromagnétique ondulatoire

[13] Einstein a reçu une proposition de publication du physicien Hindou S. Bose qui, semble-t-il, fut le premier à se rendre compte que la statistique classique de Maxwell-Boltzmann ne s'applique pas à l'explication du corps noir de Planck. Einstein a complété l'idée et étendu le concept de boson, d'où les deux publications en association.

dont les champs électrique et magnétique sont transversaux à la vitesse de propagation. C'est une découverte capitale pour l'élaboration de la théorie de la relativité. Comme ses prédécesseurs, Maxwell considérait que l'éther est un support nécessaire pour la propagation de la lumière ce qui le conduisit à doter ce milieu de propriétés de plus en plus singulières[14]. La découverte des ondes radioélectriques, due à H. R. Hertz (1887), confirma expérimentalement les hypothèses ondulatoires (l'équation des ondes) de Maxwell.

Plus fondamentalement, les équations de base de l'électromagnétisme soulevèrent un délicat problème : étant supposées établies dans le référentiel absolu, il se posait la question de trouver leur expression dans les référentiels inertiels, c'est à dire mobiles. Mais, difficulté imprévue, l'application des changements usuels de coordonnées par changement de référentiel modifiait leur forme mathématique. En d'autres termes, et contrairement aux lois de la mécanique newtonienne, elles n'étaient pas invariantes par changement de référentiels galiléens. Condition inacceptable en physique théorique.

Il s'agissait d'une difficulté majeure mettant en cause la cohérence des bases de la physique, l'électromagnétisme et la mécanique rationnelle y occupant une place prépondérante. Pour tenter d'approfondir et de résoudre cette question, une solution plausible était de rechercher s'il existait des transformations mathématiques de coordonnées laissant invariantes les équations de Maxwell. Ce que fit, quelques années plus tard (1899), le grand physicien H. A. Lorentz, éminent spécialiste de l'électromagnétisme et de l'électron. Il trouva effectivement une telle transformation laissant invariantes ces équations lors des transferts galiléens. Elle assure également la conservation de la vitesse des ondes électromagnétiques, donc de la lumière, tout en préservant

---

14 « *Tourbillons moléculaires entourés de roues libres, dont le mouvement était analogue au courant électrique* ».

les orientations de l'espace et du temps. Cette théorie montre également que la masse des électrons varie en fonction de leur vitesse. Mais apparaît une grave contrainte : comme Lorentz reste attaché à l'éther et à sa fixité absolue, il doit introduire deux types de temps : un « temps vrai », celui de l'éther et de la mécanique et un « temps apparent » (local), celui du système considéré. Il s'agit d'une difficulté majeure inhérente aux théories de Lorentz et Poincaré, qui les rend suspectes : pourquoi deux temps alors qu'un seul est observé ? Cette difficulté sera résolue par Einstein…qui supprimera tout simplement l'éther ! (« *s'il n'est pas observable alors il ne sert à rien* »)

En 1889 le physicien G. F. Fitzgerald (1851-1904) avait publié, dans la revue *Science*, un article (*L'éther et l'atmosphère terrestre*) dans lequel il formulait une hypothèse hardie pour expliquer l'échec des expériences interférentielles de Michelson et Morley. Elle consistait à admettre qu'un observateur regardant un mobile se déplaçant à grande vitesse verrait la longueur de celui-ci subir une contraction proportionnelle à sa vitesse dans le sens de son déplacement. Cette hypothèse introduisait une correction de la longueur du bras de l'interféromètre utilisé dans ces expériences de sorte que l'effet interférentiel attendu était annulé. Et il se trouva que, curieusement, ce terme correcteur de longueur fut retrouvé dans une expression de la transformation de Lorentz. La question n'était cependant pas clarifiée pour autant !

Indépendamment, H. Poincaré établit et étudia les propriétés mathématiques de cette transformation qui devint celle « de Lorentz-Poincaré ». Ce fut également lui qui proposa, en 1898, de considérer que la vitesse de la lumière est constante dans le vide (et finie), quelle que soit sa direction de propagation. Et, conséquence de ces transformations, c'est une vitesse limite : elle ne peut être dépassée[15]. Poincaré fit également d'importants travaux mathématiques sur la relativité, rejetant le concept d'espace absolu et considérant le relativisme galiléen comme un principe tiré de l'expérience (*La Science et l'Hypothèse* 1902). Mais, d'une part, Poincaré n'envisagea que peu l'interprétation physique de ses résultats et, d'autre part, il conserva l'éther[16] bien que, comme nous l'avons dit, il ne se soit guère fait d'illusions sur sa pérennité.

Finalement, ce sont les expériences de Michelson et Morley et les travaux de Maxwell qui conduiront à la naissance de la théorie de la relativité restreinte.

Les postulats de la relativité restreinte

Albert Einstein est d'abord un physicien théoricien bien que les mathématiques ne soient pas son principal outil de travail. Il reste attentif à l'observation et à l'expérience en tant que justification de ses théories. Après avoir été positiviste dans sa jeunesse, Einstein est essentiellement un adepte du réalisme physique, considérant avec objectivité les possibilités effectives de description de la nature, qu'il s'agisse, ou non, du microcosme. Position qui, comme nous le verrons, fit l'objet de controverses avec les Pères fondateurs de la physique ondulatoire concernant son interprétation. En particulier avec l'un de ses principaux contradicteurs, qui fut cependant son ami, le théoricien N. Bohr chef de file de l'interprétation de la nouvelle mécanique dite « de Copenhague ». Pourtant Einstein contribua largement à l'établissement des bases de cette nouvelle physique du microcosme, notamment en généralisant l'hypothèse des quanta de lumière que Planck avait proposée pour expliquer le rayonnement du corps noir.

---

[15] Aller au-delà nécessiterait une énergie infinie.

[16] De ce fait Poincaré n'élimine pas la dualité lorentzienne du temps.

Dans sa jeunesse Einstein s'intéressa à la philosophie, en particulier aux travaux de Mach qui lui étaient recommandés par son ami le mathématicien M. Besso. Celui-ci le seconda efficacement dans ses calculs tout au long de sa carrière scientifique. Ces lectures influencèrent les idées d'Einstein concernant les bases de la mécanique classique, dont la notion de masse. Mais Einstein était fondamentalement opposé à la conception mécaniciste[17] qui en avait été faite. C'est l'une des raisons qui l'ont conduit à ses questionnements sur la lumière et le photon.

Dans les débuts de sa carrière scientifique, on l'a dit, Einstein reste proche des faits et s'intéresse à différents problèmes de l'époque. Avec quatre articles essentiels publiés en 1905, c'est pour lui *l'annus mirabilis* comme il le déclarera. Le plus important est celui qui s'intitule *Sur l'électrodynamique des corps en mouvement*, article fondateur de la Relativité restreinte bien que cette dénomination n'ai été retenue que quelques années plus tard.

Dans cet article Einstein se propose d'intervenir dans la querelle du moment, c'est à dire de justifier l'échec des expériences de Michelson et Morley par une remise en cause fondamentale des bases de la mécanique de Newton. Rejetant toutes les explications plus ou moins de circonstance dont nous avons parlé, il refonde la physique des référentiels inertiels à partir de deux postulats : le principe de relativité[18] et la constance absolue de la vitesse de la lumière dans le vide, dans tous les référentiels galiléens quelles que soient les circonstances des observations[19].

---

[17] On a parlé du mécanicisme de Descartes et de son « homme-machine » dont le réductionnisme n'et pas apprécié par Einstein.

[18] Des expériences identiques réalisées dans des référentiels inertiels différents donnent des résultats vérifiant des équations identiques. Ce qui signifie que « *les lois physiques sont invariantes par changement de référentiels inertiels* ».

[19] En particulier, la vitesse de la lumière ne dépend pas de la vitesse de la source émettrice.

Le premier postulat signifie physiquement l'impossibilité expérimentale de mettre en évidence un référentiel absolu caractérisé par son repos absolu. Donc, soit un tel référentiel n'existe pas, soit il y en a une infinité, n'importe quel référentiel galiléen pouvant convenir c'est à dire être considéré au repos. Le second postulat déclare que la valeur numérique de la vitesse de la lumière effectivement mesurée dans n'importe quel référentiel galiléen reste strictement la même, pour un même système d'unités, quelles que soient les conditions de mesure. Assertion *a priori* paradoxale, car contraire au bon sens et à l'expérience commune qui, conformément à la loi de composition des vitesses de Galilée, veut qu'il y ait sommation algébrique des vitesses de ces différents référentiels en mouvement lors des mesures qui y sont effectuées. Ce qu'Einstein réfute.

Il se trouve que le fait d'imposer mathématiquement l'invariance de la vitesse de la lumière dans le vide par changement de référentiels inertiels implique l'existence d'une loi de transformation de leurs coordonnées respectives qui est précisément celle de Lorentz-Poincaré. Et Einstein retrouve ainsi, en la justifiant, l'explication de Fitzgerald : c'est une conséquence de la constance absolue de la vitesse de la lumière dans le vide. D'un point de vue physique l'explication est simple : une vitesse correspond à une longueur divisée par un temps. Pour que deux observateurs en mouvement relatif uniforme mesurent, chacun dans son référentiel propre, la même valeur numérique de cette vitesse, il faut nécessairement que les étalons *observés* correspondant à ce rapport varient dans les mêmes proportions. D'où le facteur correctif de Fitzgerald associé à un facteur équivalent pour le temps ce qui assure l'invariance de ce rapport.

Notons que la relativité restreinte est limitée aux référentiels inertiels, donc sans accélération, car elle ne fait pas intervenir la gravité dans ses postulats.

Fort de ses résultats, Einstein fait « le grand saut » : il déclare tout simplement que, puisqu'un référentiel absolu ne peut pas être mis en évidence, tout se passe comme s'il n'existait pas. Et il n'y a donc pas d'éther non plus. En d'autres termes, il n'existe ni espace absolu, ni temps absolu. D'où l'unification des « deux temps de Lorentz-Poincaré[20] ». C'est une mise en cause révolutionnaire des bases de la mécanique classique, celle de Newton qui a pourtant fourni maintes preuves de ses capacités explicatives. L'examen des transformations de Lorentz-Poincaré montre que celle-ci n'est pas fausse, mais qu'elle représente un cas limite restrictif ne s'appliquant que pour des mobiles animés d'une faible vitesse par rapport à celle de la lumière.

Des conséquences de la relativité restreinte

Les deux postulats posés par Einstein, bien que d'apparence simple, ont cependant des conséquences considérables. L'une des plus importantes est la suivante : selon les transformations de Lorentz-Poincaré, les mêmes étalons de mesures physiques n'expriment pas la même valeur numérique s'ils sont fixes (au repos dans leur référentiel propre) ou s'ils sont *observés* depuis un référentiel inertiel mobile. La divergence dépend de la vitesse relative *uniforme.*

Exemple : soient A et B deux observateurs possédant les mêmes étalons et qui sont en mouvement relatif rectiligne et uniforme. Vu de B le mètre de A est plus court que le sien et l'horloge de A retarde par rapport à la sienne. Ce sont les phénomènes qualifiés de « *contraction des longueurs* » et de « *dilatation du temps* » (en fait des intervalles de temps où « durées ») *qui sont des effets vus par un opérateur observant des étalons de longueurs et de tempe mobiles par rapport aux siens.* Ces décalages croissent avec la vitesse

[20] Note 16.

relative des deux observateurs. À la limite, si la vitesse relative était celle de la lumière, la longueur observée par B de l'étalon de A serait nulle et le temps de l'horloge A s'arrêterait. Ces conséquences, déduites du formalisme, semblent peu compatibles avec le « bon sens commun ». Constatations liées au fait que, dans la vie courante, les vitesses sont généralement très éloignées de celle de la lumière dans le vide (~ 300 000 km/s.). En revanche, ces observations sont parfaitement vérifiées, par exemple dans l'étude des particules élémentaires, dans les processus radioactifs ou dans différents phénomènes cosmiques. Et il existe nombre d'autres effets bien vérifiés expérimentalement.

Une autre conséquence de nature théorique est fondamentale. Il est clair que ce qui est vrai pour l'observateur B regardant A, l'est tout autant pour l'observateur A regardant les étalons de B. Il existe donc une *symétrie* observant/observé qui n'existerait pas dans le cas de l'éther. En effet, l'un des deux opérateurs, celui de l'éther, serait déclaré absolument fixe. Or les symétries jouent un rôle essentiel dans les théories physiques. Elles sont liées à des êtres mathématiques spécifiques appelés « groupes » dont les propriétés sont associées à des lois physiques de conservation, par exemple celle de l'énergie. Lois qui sont fondamentales pour interpréter les mécanismes sous-jacents, par exemple dans les interactions fondamentales nucléaires et autres. Il s'agit ici du groupe de Lorentz-Poincaré essentiel dans la formulation relativiste de Minkowski, comme nous le verrons.

La mise en évidence de cette symétrie montre qu'il existe une différence profonde d'interprétation théorique entre les transformations de coordonnées chez Lorentz-Poincaré et chez Einstein. Dans le premier cas, il ne s'agit que d'un simple changement de variables des équations de Maxwell permettant d'assurer leur invariance par changement de référentiel galiléen. Dans le second cas, il s'agit d'une autre interprétation qui sort du cadre tridimensionnel galiléen. En effet, chez Einstein ces transformations de coordonnées sont interprétées dans un cadre quadridimensionnel, celui de Minkowski dont c'est le référentiel d'espace-temps qui est absolu, comme nous allons le voir. Dans ce cadre, il s'agit de relations fondamentales d'espace-temps décrivant le mouvement relatif rectiligne et uniforme, de deux observateurs, dans une formulation quadridimensionnelle.

Les transformations de Lorentz-Poincaré posent la question de la simultanéité de deux événements. Avec Newton, toutes les horloges de tous les référentiels galiléens peuvent être synchronisées, donc permettent de définir un temps universel galiléen. La simultanéité y est absolue, car il n'existe pas de limite à la vitesse de propagation d'un étalon de synchronisation qui peut donc être infinie. Cette vitesse étant limitée par celle de la lumière, chez Einstein cette synchronisation n'est plus possible que pour les horloges d'un même référentiel. En effet, la relativité du temps observé et cette limite de la vitesse de propagation de l'information de synchronisation rendent impossible son transfert d'un référentiel galiléen à un autre. Il est donc impossible de synchroniser les horloges de deux, ou plusieurs référentiels galiléens en mouvement relatif. En d'autres termes, deux évènements simultanés dans l'un, — la synchronisation des horloges — ne le restent pas lors du passage à un autre référentiel galiléen, c'est-à-dire vus par l'observateur de cet autre référentiel. Avec pour conséquence l'impossibilité de définir un temps universel. D'où, plus généralement, la relativité de la simultanéité. Question discutée par Poincaré d'autant que, au XIX° siècle, se posait le problème de l'uniformisation mondiale du temps. Sur le plan technique, Einstein a également longuement discuté cette question, montrant comment réaliser la synchronisation de l'ensemble des horloges d'un même référentiel galiléen.

À propos du déterminisme, Einstein a montré que le passé et le futur sont des concepts relatifs (au sens usuel du terme) d'autant qu'un intervalle de temps dépend du référentiel d'observation. Aussi parler d'un ordre de succession des phénomènes n'a pas de sens *s'ils sont causalement indépendants* faute de moyen de transmission instantanée de l'information. Observation qui permet la conservation du déterminisme.

Les transformations de Lorentz-Poincaré impliquent une nouvelle loi de composition des vitesses telle que, quelle que soit leur adition, elle ne permet pas de dépasser la vitesse limite, celle de la lumière dans le vide. Ce qui constitue une limitation technique sévère, par exemple pour l'exploration spatiale : sur une durée de vie humaine, le volume d'Univers explorable reste limité et tout à fait restreint comparé au simple volume du système solaire. Il en va de même pour la transmission d'une information qui serait susceptible de provenir d'une autre civilisation[21].

Et il existe d'autres résultats importants, tel l'effet Doppler relativiste, mais parmi eux, deux sont à distinguer par leurs conséquences à longue portée. L'un concerne la variation de la masse inertielle en fonction de la vitesse, elle tend vers l'infini quand la vitesse approche celle de la lumière. Quant à l'autre, il est certainement techniquement le plus important par ses conséquences. Il s'agit de la plus célèbre relation de la physique pratiquement connue de tous. C'est bien évidemment :

$E = mc^2$

C'est parce qu'elle a changé la face du Monde que cette relation, – dans laquelle m est la masse inertielle au repos et

[21] La physique quantique pose un problème de transmission de l'information à des vitesses supraluminales qui reste mal compris (conservation de l'intrication).

c la vitesse de la lumière dans le vide –, est si célèbre Elle fut établie par Einstein, en 1905, dans le cadre de la relativité restreinte. Mais historiquement elle était implicite dans le mémoire de Poincaré *La théorie de Lorentz et le principe de l'action et de la réaction* publié en 1900. Noyée dans un ensemble de calculs, elle n'a pas attiré l'attention, ce qui ne fut pas le cas avec Einstein. D'où une querelle d'antériorité[22].

Quoi qu'il en soit, cette relation signifie que, intrinsèquement, la masse inertielle au repos et l'énergie sont équivalentes. Et, comme le facteur de proportionnalité $\mathbf{c^2}$est très élevé, cette quantité d'énergie est énorme. Raison pour laquelle elle a attiré l'attention : un gramme de matière dématérialisé libérerait une énergie équivalente à deux mille tonnes de pétrole. La matière est donc une immense réserve potentielle d'énergie. La question initiale était de savoir comment exploiter cette potentialité. Une réponse partielle fut apportée en août 1945 !

Outre la question de l'énergie, cette relation caractérise une propriété fondamentale de la physique : établissant l'équivalence entre matière et énergie, elle unifie deux anciens principes de conservation, celui de la masse et celui de l 'énergie. Et, fait nouveau, elle implique la possibilité de leurs transformations réciproques. Propriété parfaitement vérifiée par l'expérience. C'est cette relation qui a permis l'élaboration des mécanismes physiques sur lesquels sont fondées les théories traitant de la naissance de l'Univers. Le big bang est supposé consécutif à la condensation d'une quantité énorme d'énergie quantique du vide transformable en matière. Par une suite de successions ultra brèves de processus complexes de création-destruction de rayonnements et de particules de matière, le puissant flash initial se transforme en quelques minutes en un plasma résiduel contenant, parmi nombre d'autres constituants, les

---

[22] Curieusement, Einstein ne cite presque jamais Poincaré.

noyaux d'où sortira la matière primitive de l'Univers, essentiellement les noyaux d'hydrogène, ou protons, et d'hélium.

Cette loi est à la base du fonctionnement des étoiles, des phénomènes radioactifs et de la production d''énergie nucléaire. Celle-ci est, par exemple, indispensable au maintien de l'équilibre thermique interne de la planète Terre. Et, comme dit ci-dessus, ce n'est plus l'ancienne loi de l'énergie de Lavoisier qui est vérifiée dans toutes les transformations physiques et chimiques, mais celle de conservation de la matière-énergie. Cette relation indique également que le rayonnement électromagnétique, les photons, possède une masse qui, au repos, serait nulle (les photons ne sont jamais au repos, leur vitesse étant celle de la lumière associée). Un corps qui rayonne perd de la masse et, réciproquement, il en gagne s'il absorbe du rayonnement. Il faut également rappeler qu'il s'agit, dans cette relation, de la masse inertielle au repos. Dans un référentiel en mouvement, elle reste valable avec la masse corrigée par la variation due à la vitesse.

L'espace–temps de Minkowski

Mathématicien et théoricien, H. Minkowski (1864-1909), fut un professeur d'Einstein à l'École polytechnique fédérale de Zurich. S'intéressant à l'électrodynamique et reprenant, en 1907, une suggestion de Poincaré, Minkowski obtint une interprétation tout à fait nouvelle, cohérente et naturelle des travaux théoriques d'Einstein en les transcrivant dans un espace quadridimensionnel. Il est constitué de l'espace ordinaire à trois dimensions, celui de notre quotidien, auquel est ajoutée une quatrième dimension proportionnelle au temps. Cet espace-temps sans gravité est absolu. Comme le déclare Minkowski : *« L'espace en lui-même, le temps en lui-même, sont condamnés à s'évanouir comme des ombres et seule une sorte d'union des deux constitue une réalité indépendante* ».

Réaliser mathématiquement une telle transformation est une opération relativement simple. Il est, en effet, possible de générer un espace géométrique à partir d'une relation mathématique élémentaire (forme quadratique du type « théorème de Pythagore » généralisé) définissant la distance séparant deux points distincts de cet espace. Dans le cas de l'Univers newtonien, la relation de base définissant la distance contient trois termes définissant un espace géométrique tridimensionnel euclidien. Pour générer un espace quadridimensionnel, Minkowski ajoute un quatrième terme de même forme, l'ensemble de base définissant la distance entre deux quadripoints. Le terme ajouté contient le temps, générant ainsi l'espace-temps quadridimensionnel pseudo-euclidien[23] dit « de Minkowski ».

L'avantage par rapport à la formulation de Newton est précisément d'intégrer dans la relation de définition de l'espace-temps la variable temps[24] ajoutée à la représentation tridimensionnelle spatiale. Cet objet mathématique homogène est censé représenter le cadre de l'Univers quadridimensionnel d'espace-temps d'Einstein. Dans ce continuum, un élément, appelé « point événement », possède donc quatre coordonnées : trois d'espace qui le positionnent géométriquement, une de temps qui le situe chronologiquement. L'histoire qui représente l'évolution d'un système physique y est représentée par une courbe appelée « trajectoire d'Univers » qui indique *à la fois* son évolution dans l'espace *et* dans le temps. Connaître une trajectoire d'Univers d'un système est donc équivalente à connaître son histoire. Il n'y a plus d'écoulement du temps, plus de

[23] La forme quadratique n'est pas obligatoirement positive.

[24] Pour des questions mathématiques de cohérence, la variable temps est rendue homogène à une longueur en la multipliant par la vitesse de la lumière dans le vide qui est constante.

« maintenant » et plus de temps universel, chaque horloge ayant sa propre ligne d'espace-temps. Il n'en reste pas moins vrai que si l'espace et le temps sont mathématiquement équivalents, ils restent physiquement distincts. Il est également possible d'y concevoir un quadrivolume sans frontière (sans bord), mais fini : par exemple une hypersphère. À l'origine Einstein n'était pas favorable à cette représentation de Minkowski qui, pourtant, joua un grand rôle dans la compréhension et la diffusion de sa théorie.

L'intérêt de cette représentation est dû au fait que, dans ce formalisme, la formulation de l'électrodynamique quadridimensionnel permet une interprétation cohérente et beaucoup plus naturelle. Les propriétés géométriques de cet espace correspondent aux propriétés physiques caractérisant la relativité restreinte. Il permet, en bidimensionnel, des représentations physiques simples en favorisant leur compréhension. L'intégration du temps homogénéise les représentations et simplifie les équations relativistes en permettant l'introduction de nouveaux outils (les quadrivecteurs). Elle rend faciles à interpréter les transformations d'un évènement vu par deux observateurs galiléens. Une transformation de Lorentz-Poincaré se traduit simplement par une rotation des axes de coordonnées dans l'espace quadridimensionnel. L'avantage énorme est, ici, que les changements de référentiel correspondent à certaines rotations autour de l'origine. La visualisation des effets de la relativité restreinte : contraction des longueurs, dilatation du temps, relativité de la simultanéité, etc. est immédiate. C'est une illustration de l'intérêt de la notion de groupe, être mathématique déjà cité qui, dans le cas présent, possède la propriété de laisser invariante la relation mathématique de définition de l'espace-temps de Minkowski. Plus généralement, un groupe exprime quelque symétrie fondamentale de certaines lois de la nature, ici celles des observateurs A et B déjà cités. Ce concept joue un rôle capital dans les théories physiques actuelles, dont celles des particules élémentaires (théories de la supersymétrie, des cordes et supercordes, branes, etc.).

Il faut remarquer que dans un article intitulé « *Sur la dynamique de l'électron* » (écrit en 1905 ; publié en 1906) Poincaré précède Minkowski concernant l'introduction d'un espace quadridimensionnel de représentation intégrant le temps. Mais étant pour lui « une commodité de calcul », il n'en tire aucune conclusion physique. Pour Minkowski l'espace-temps relativiste possède une réalité physique se substituant à un éther inexistant. Cependant, bien que Minkowski connaisse l'article de Poincaré, il ne le cite pas ! Les questions d'antériorité dans l'histoire de la relativité *restreinte* constituent un véritable cas d'école !

Les réactions

Peu après la publication dans le journal *Annalen der Physik (*Annales de physique) en 1905, de l'article fondateur de la relativité restreinte, les premières réactions furent plutôt négatives. Sauf pour Planck qui, le premier, avait proposé la quantification de l'énergie rayonnante à propos du corps noir. Dès 1906, Planck publia un article en faveur des travaux d'Einstein et devint l'un de ses premiers soutiens. Pourtant Einstein n'avait pas été sans critiquer ses travaux avant de finir par reconnaître leur caractère novateur. Lorentz avait une position ambiguë, il n'admettait pas que le principe de relativité puisse fonder la physique. Il l'aurait plutôt considéré comme l'une des conséquences de ses transformations et adoptait le point de vue de Poincaré déclarant : *« Selon le principe de relativité les lois des phénomènes physiques doivent être les mêmes pour un observateur fixe et pour un observateur en mouvement de translation uniforme relativement au premier de telle sorte que nous n'ayons pas, ou que nous ne puissions avoir aucun moyen de discerner si oui ou non nous suivons un tel* *mouvement.* ». Lorentz ajoutant « *Le principe de relativité est un fait d'expérience et non de spéculations théoriques* ». Ce grand physicien avait une conception trop « électromagnétique » du monde, probablement en réaction à la perception du « tout mécanique » de Descartes et Newton. Conception exposée dans son ouvrage sur la *Théorie des électrons* (1909) dans lequel il n'abandonnait toujours pas l'existence de l'éther affecté de propriétés électromagnétiques de plus en plus curieuses. Citant Einstein, il précisait une fois encore que, pour lui, le seul temps universel était celui de l'éther, le temps dit « vrai ».

Il est certain que la relativité restreinte, théorie difficile dans sa première version, ne résolvait pas tous les problèmes du moment. Ce qui laissait place à quelques incertitudes et discussions.

L'un de ces problèmes concerne l'hypothèse de l'électron. Après sa découverte par J. J. Thomson (1897), la détermination de sa masse souleva des difficultés imprévues. En effet, il était possible de mesurer à la fois sa vitesse et le rapport de sa charge sur sa masse. Curieusement ce rapport, constant à faible vitesse, décroissait au fur et à mesure que celle-ci augmentait. Des travaux de W. Kaufmann montrèrent que c'est la masse de l'électron qui varie avec la vitesse, la charge restant constante. De plus, il fallait également la subdiviser en une masse longitudinale et une masse transversale variant séparément avec la direction et l'intensité de la vitesse. Des physiciens en concurrence, M. Abraham et Lorentz, en proposèrent chacun une explication différente. Des mesures effectuées par Kaufmann, en 1906, donnèrent raison à Abraham, donc tort à Lorentz et à ses transformations soit, indirectement, à la relativité restreinte. Ce qui entrava sa diffusion. Einstein s'intéressa alors au problème et calcula une masse électronique transversale différente de celle de Lorentz… mais par un calcul faux ! Deux années plus tard, des mesures plus précises de A.

Bucherer montrèrent finalement que les masses longitudinale et transversale obéissent bien aux lois de Lorentz, donc à celles de la relativité restreinte. Il faudra cependant attendre l'année 1940 pour obtenir une confirmation définitive des résultats des masses électroniques obtenues par Lorentz-Einstein. Cependant, à l'époque du conflit il fut admis que l'électron possède une masse inertielle d'origine électromagnétique.

Une autre question critique concernait la structure de la lumière. Dans l'interprétation du rayonnement du corps noir, en 1900, Planck avait fait l'hypothèse de la quantification de l'énergie rayonnante. En 1905, Einstein reprit et étendit cette hypothèse à toutes les ondes électromagnétiques pour expliquer l'effet photoélectrique. On a dit qu'il postula que la lumière transporte, distribués dans l'onde, des sortes de grains d'énergie indivisibles, les « quanta lumineux » devenus, en 1926, les photons. Leur énergie est proportionnelle à la fréquence de l'onde. Cette hypothèse soulève un problème critique. Une structure corpusculaire de la lumière ne permet pas d'expliquer les interférences et la diffraction, phénomènes pourtant bien démontrés par les travaux de T. Young et A. Fresnel au début du XIX° siècle, puis par ceux de J. C. Maxwell et Hertz. Ne niant pas cette difficulté, Einstein proposa de superposer les quantas lumineux en tant qu'éléments de discontinuité dans le système ondulatoire continu. D'autres propositions suivront, mais sans convaincre. C'est finalement l'effet Compton (diffusion des photons sur les électrons, 1923) qui confirmera la réalité de l'hypothèse d'Einstein, c'est-à-dire l'existence des photons. Et il faudra attendre la mécanique ondulatoire, et son interprétation, pour que la théorie des électrons et du rayonnement expliquant la dualité ondes-corpuscules soit résolue par le théoricien britannique P. A. M. Dirac en 1927.

En dépit d'un certain scepticisme, différents résultats expérimentaux confirmèrent cependant les prévisions relativistes : l'explication des effets négatifs de l'expérience de Michelson et Morley, l'invariance des équations de Maxwell, l'effet photoélectrique, l'effet Doppler relativiste, l'aberration relativiste, les corrections relativistes de Sommerfeld apportées à l'atome de Bohr pour expliquer la structure fine des spectres optiques, l'effet Compton, etc. Plus le temps passait et plus les applications se multiplièrent. De plus, la présentation de Minkowski, à l'origine moyennement appréciée, rendait cette théorie beaucoup plus naturelle et compréhensible. En 1911, un élève de Planck, le physicien M. von Laue, en publia une première monographie tandis que Sommerfeld, un grand physicien de l'atomisme naissant, déclara que la relativité est l'une des bases de la physique moderne. Finalement la relativité restreinte fut pleinement acceptée dans les milieux scientifiques au cours de la seconde décennie du XX° siècle. En dépit des critiques de certains philosophes, dont A. Comte ou Bergson, qui n'en avaient pas saisi le sens, et qui querellaient sur le faux problème du paradoxe (bien connu) des jumeaux de Langevin.

Comme pour Darwin et sa théorie, la pertinence de la relativité restreinte ne s'imposa pas facilement. L'esprit humain change difficilement ses référentiels, surtout s'ils sont galiléens !

Pour le grand public, cette théorie était trop complexe dans sa forme initiale pour être comprise. Comme souvent, si elle n'est pas comprise, alors la science doit être crue… ou contestée !

L'extension de la relativité restreinte

Jusqu'à la publication de la théorie de la relativité générale, en 1916, la connaissance du cosmos ne dépassait pas la galaxie, et encore ! Et la cosmologie n'avait pas acquis le statut d'une science à part entière. Depuis Newton on savait que le Monde est organisé par la gravité, force à longue portée qui possède deux propriétés spécifiques : elle est attractive et elle ne dépend que de la masse, ce qui est tout à fait remarquable et la rend universelle. Ce sont ces propriétés qui font que toute connaissance plus approfondie de ce Monde nécessite de revisiter le cadre newtonien de la gravité devenu trop étriqué.

C'est ce qu'a réalisé Einstein avec sa théorie de la relativité générale, œuvre purement conceptuelle qui a pour objet l'étude de la dynamique des constituants de l'Univers. Une idée originale, le principe d'équivalence, a guidé ses travaux. Il a pour conséquence que la gravité n'est pas à proprement parler une force, mais elle se traduit par une perturbation du cadre c'est-à-dire une courbure géométrique du « continuum spatio-temporel » (comme Einstein préfère nommer l'espace-temps). Cette déformation, locale, dépend de la distribution massique caractérisant le système considéré. Il s'agit, en fait, d'une « géométrisation de l'interaction gravitationnelle », hypothèse qui vient d'être confirmée en 2016 (graviton).

La relativité générale, l'une des théories les plus fondamentales de la physique, est une extension aux mouvements accélérés de la relativité restreinte qui, on l'a dit, est limitée aux mouvements relatifs rectilignes uniformes, donc sans accélération. À la limite, quand le potentiel gravitationnel devient négligeable et les vitesses faibles par rapport à celle de la lumière, cas de l'environnement quotidien usuel, il y a convergence entre ces théories et celle de Newton, laquelle en est un cas limite

Une difficulté

Pour l'écriture de ses équations, le physicien a besoin d'un système de coordonnées. Comme la forme de celles-ci en dépend, ce choix n'est pas indifférent. Avant Einstein, il était naturel et logique d'avoir recours à l'éther en tant que référentiel absolu. Avec sa disparition, la question de ce choix était à nouveau posée d'autant que la Nature ne fournit pas de système universel de coordonnées. Et tout changement de référentiel peut soulever d'importantes difficultés mathématiques. C'est pourquoi il aurait été souhaitable de trouver une formulation des équations de la physique qui n'en dépende pas : c'est ce que les physiciens appellent la covariance[25]. C'est un objectif que s'est fixé Einstein pour établir l'invariance générale de sa théorie de la relativité. Il lui fallut près d'une dizaine d'années pour y parvenir, ce qui nécessita le recours à un outil mathématique nouvellement mis au point : le tenseur. Nous y reviendrons.

Le principe d'équivalence

Les travaux de Mach sur le concept de masse ont inspiré la réflexion d'Einstein dans son extension de la relativité aux mouvements accélérés. On a dit que, bien que de nature différente, la masse inerte et la masse grave peuvent être déclarées égales moyennant un choix convenable d'unités. Donc tous les corps soumis à un même champ gravitationnel doivent chuter à la même vitesse dans le vide. Fait vérifié expérimentalement dans l'espace avec une grande précision[26].

De cette observation, par des considérations sur le comportement d'un observateur situé dans un ascenseur en chute libre dans le champ de la pesanteur, Einstein déduisit que, *localement*, l'action d'un champ gravitationnel est équivalente à une accélération du référentiel de l'observateur. À condition qu'il n'y ait pas d'expérience interne utilisant la gravitation. En d'autres termes, le champ gravitationnel extérieur est effacé dans un référentiel en

[25] À ne pas confondre avec celle des statisticiens.

[26] Actuellement (2016) la précision relative est inférieure à 10^{-15}

chute libre. On peut faire le même raisonnement (inversé) dans le vide sidéral à bord d'une fusée en accélération.

D'où le principe d'équivalence énoncé (1907) par Einstein : « *localement un champ gravitationnel est équivalent à un mouvement accéléré* ». En d'autres termes, il y a équivalence *locale* entre les effets de la gravitation et ceux de l'accélération du référentiel de l'observateur. C'est sur ce principe qu'est fondée la relativité générale.

Mais il y a un problème : celui du caractère *local* du référentiel équivalent accéléré. Celui-ci est dû au fait que, en général, les sources de force sont spatialement distinctes des sources de champ. C'est-à-dire qu'Einstein prolonge la relativité restreinte en considérant une équivalence locale entre les référentiels accélérés et ceux d'inertie moyennant l'action d'un champ compensateur de gravité (la chute libre de l'ascenseur). Mais des considérations mathématiques de cohérence imposent le raccord géométrique des lignes de force de ces champs compensateurs locaux. Ce qui se traduit par une déformation, une courbure de l'espace-temps support, expliquant pourquoi la gravité lui est liée. Car contrairement à Newton, chez Einstein la gravité n'attire pas les corps, elle déforme le milieu d'espace-temps qui les contient en modifiant leur trajectoire.

C'est précisément cette nature intrinsèquement géométrique de la gravité qui la distingue constitutivement des trois autres interactions (nucléaires forte et faible et électromagnétique) gouvernant l'Univers. Ce qui contrarie leur unification pourtant nécessaire pour en concevoir une théorie unitaire. C'est pourquoi les recherches se poursuivent, notamment dans l'espace, pour tenter de mettre le principe d'équivalence en échec dans des cas limites ce qui permettrait peut-être de revenir sur le caractère contraignant « tout géométrique » de la gravité.

La résolution du problème mathématique de la covariance fut particulièrement difficile à résoudre et exigea l'utilisation du calcul différentiel absolu. Einstein dû faire appel à des mathématiques de haut niveau, en particulier à ses deux fidèles amis M. Besso et M. Grossmann. Il en discuta également avec le grand mathématicien allemand D. Hilbert (1862-1943) qui entra d'ailleurs en compétition avec lui et faillit le devancer dans la publication des équations de base de cette théorie.

Pour résumer, on peut citer la pensée suivante d'Einstein : *« Pour autant que les propositions mathématiques se rapportent à la réalité, elles ne sont pas certaines, et pour autant qu'elles sont certaines, elles ne se rapportent pas à la réalité ».*

La relativité générale

L'article fondamental d'Einstein établissant la synthèse de ses recherches est paru dans les *Annalen der Physik (49 ; Dec 1916).* Il a pour titre : *Les fondements de la Théorie de la Relativité Générale.* Cette théorie ouvre une nouvelle ère de la connaissance en fixant un nouveau cadre dynamique formel complet d'expression de la physique du cosmos. Expression dans laquelle l'Univers n'est plus constitué que d'une entité appelée « matière espace-temps » évoluant dans un continuum géométro-dynamique déformable. Découverte majeure, cet article explicite pourquoi la gravité est une propriété géométrique intrinsèque de l'espace-temps et non une force au sens habituel : il est déformé par la présence des masses et des rayonnements, le formalisme reposant sur le principe d'équivalence. Cette déformation nécessite l'abandon de l'espace-temps euclidien de la relativité restreinte et le recours aux géométries courbes. Et il en va de même pour que la vitesse de la lumière reste constante dans le vide quel que soit le référentiel de mesure.

Cette théorie générale de la gravitation est également celle de la covariance. Ce qui signifie que, comme le voulait et le déclara Einstein : « *quel que soit leur état de mouvement, tous les référentiels sont équivalents pour décrire la nature* ». Cette théorie se traduit par un groupe réduit de dix équations différentielles, dites « équations du champ d'Einstein », qui sont très complexes et associent la courbure spatio-temporelle aux effets gravitationnels. Il n'existe pas de solution générale connue aussi la recherche de solutions particulières exige-t-elle des hypothèses, des approximations et des simplifications, parfois lourdes. On aboutit ainsi à des modèles plus ou moins réalistes qui permettent des études numériques, des simulations et des comparaisons aux observations et expérimentations. Par passage à la limite, on retrouve la mécanique classique de Newton. L'étude de ces équations reste d'actualité, aussi bien en cosmologie que dans certaines questions posées par le monde quantique ou le caractère géométrique de la gravité contrarie, on l'a dit, l'unification de l'ensemble des quatre forces physiques connues. Trois d'entre elles (les interactions nucléaires faible et forte et électromagnétique) le sont déjà dans une « théorie de grande unification » de nature quantique. L'un des objectifs actuels des physiciens théoriciens serait de réaliser cette unification totale qui annoncerait celle de la relativité et de la physique quantique.

Il est cependant vraisemblable que, par leur structure mathématique, les équations de champs ne peuvent pas représenter toutes les propriétés des corps matériels, en particulier quantiques [27]. Au niveau submicroscopique (conditions de Planck), il semble qu'il pourrait exister de petites violations du principe d'équivalence indiquant que la théorie est incomplète. Et elle ne s'applique plus dans le domaine de Planck, celui qui correspond aux conditions physiques d'apparition du big bang.

Dans la décennie qui suivit la publication de la relativité générale, différents travaux mathématiques de consolidation

---

[27] Le formalisme relativiste ne contient pas la constante universelle de Planck.

furent effectués pendant qu'Einstein s'orientait vers la cosmologie relativiste, en particulier celle des ondes gravitationnelles (qui viennent seulement d'être mises en évidence en 2016) et sur la déviation des rayons lumineux. Ses premiers travaux sur ce sujet font l'objet de l'article *Considérations cosmologiques sur la théorie de la relativité générale* (Kosmologische Betrachtungen zur allgemeinen Relativitätstheorie - Preussische Akademie - 1917). Peu après, Einstein émigra aux Etats-Unis ou il se lança, en vain, dans différentes voies de recherches ayant pour but d'unifier sa théorie et la physique quantique. Problème de plus en plus d'actualité qui reste mal compris.

Les vérifications

Face aux rares théories concurrentes, jusqu'à présent la relativité générale est la seule qui ait surmonté avec succès l'épreuve de différentes vérifications des données observationnelles. En particulier, elle reste valable dans des champs gravitationnels très intenses (trous noirs, Pulsars, magnétars) et/ou limites (ondes gravitationnelles).

Son premier succès fut obtenu par Einstein, en 1915, avec l'explication d'une énigme datant d'une soixantaine d'années : l'avance séculaire du périhélie de la planète Mercure. Étant la plus proche du Soleil, cette planète présente une anomalie de dérive dans le lent mouvement de précession de son orbite autour du Soleil. Calculée par les équations de Newton, cette déviation angulaire présente un écart de 43,1 secondes d'arc par siècle, par rapport à la valeur mesurée. Ce qui invalide ce modèle. En revanche, le calcul relativiste d'Einstein donne la valeur expérimentale, à la précision des mesures près.

Un deuxième grand succès est obtenu avec la vérification de la déviation d'un rayon lumineux dans un champ gravitationnel massif. En 1919 deux expériences, l'une au Brésil, l'autre dans le golfe de Guinée, ont été réalisées sous la direction du physicien britannique A. Eddington. Il s'agissait de mesurer le déplacement apparent d'étoiles voisines du Soleil lors d'une éclipse solaire totale (29 mai 1919). Les résultats interprétés par A. Eddington confirment les prédictions des calculs d'Einstein, à l'encontre de ceux de Newton. Bien qu'une étude plus poussée, qui ne fut pas faite sur le moment, eut dû laisser une certaine incertitude sur ces premiers résultats, ils furent acceptés. Depuis cette époque, la déviation des ondes électromagnétiques par les champs de gravité a été largement démontrée par des expériences spatiales. Un troisième effet relativiste observé concerne le décalage par la gravité des raies spectrales d'émissions lumineuses atomiques.

Bien qu'ils puissent être contestés, ce qui ne fut pas le cas, ces résultats eurent un retentissement énorme et contribuèrent largement à la notoriété d'Einstein. La relativité générale reçut une pleine reconnaissance au V° Congrès Solvay de 1927. Il faut cependant observer que c'est une théorie mathématiquement difficile qui, jusqu'au milieu du XX° siècle, n'attirait que peu de physiciens. Son véritable premier enseignement, dû au physicien américain J. A. Wheeler, eu lieu en 1951 à Princeton (E. U.). La première Conférence internationale fondant l'astrophysique et la cosmologie relativistes se réunit à Dallas (E. U.) en 1963. La diffusion de cette théorie est donc relativement récente.

D'autres vérifications beaucoup plus pertinentes furent, et sont toujours effectuées. Citons quelques exemples : le décalage d'une horloge dans un champ de gravité ; l'effet Einstein correspondant à un décalage de fréquence d'une onde dans un champ gravitationnel ; le décalage Doppler ; la vérification de la courbure de l'espace-temps (NASA 2004) ; les mirages (lentilles) gravitationnels ; l'effet Shapiro (retard gravitationnel de la lumière) ; l'étude des trous noirs ; les ondes gravitationnelles (2016), etc. La relativité générale s'est vraiment imposée dans les années soixante avec la découverte des quasars, des pulsars et des noyaux galactiques qui en permettent les vérifications. Et il en va de même pour l'exploration spatiale et les sondes interstellaires qui confirment largement les prévisions relativistes (effet géodésique ; effet Lense-Thirring – correction de précession gyroscopique). Le décalage spectral vers le rouge des galaxies a permis de découvrir l'expansion de l'Univers. Et, depuis peu, l'accélération de cette expansion.

À l'heure actuelle, ces résultats confirment de façon indiscutable la supériorité de cette théorie sur quelques concurrentes qui, jusqu'ici, ont vainement tenté de la mettre en échec. Généralement dans des cas limites, car ses succès indiquent clairement que la relativité générale ne peut pas être entièrement fausse. Il est seulement envisagé qu'elle puisse n'être, elle-même, qu'une représentation limite d'une théorie plus générale. En d'autres termes, il est possible que la formulation actuelle de la relativité générale ne soit pas définitive.

Des incertitudes

Avec les moyens nouveaux offerts par les technologies avancées, dont les études spatiales, et les énormes progrès de l'informatique, les physiciens cherchent des moyens nouveaux pour sonder les théories physiques actuelles, notamment la relativité et la théorie quantique. Pour cela, ils utilisent des expériences et des moyens de plus en plus précis et sophistiqués. La question n'est pas tant de contester ces remarquables théories que de savoir si elles ont des champs d'applications limités.

Pour la relativité, jusqu'ici elle a essentiellement été testée dans le système solaire. Or il semblerait qu'une anomalie de vitesse ait été détectée avec les sondes américaines Pioneer 10 et 11 (lancée en1972 et 1973) lorsqu'elles ont atteint les limites du système solaire (~héliopause). S'agit-il d'un effet réel ou d'un artefact ? Les avis restent partagés.

Quoi qu'il en soit, c'est le principe d'équivalence qui est visé en premier. On a dit que la précision actuelle est de l'ordre du dix millième de milliardième, précision qui doit être améliorée lors de mesures dans l'espace. C'est aussi le cas avec la loi d'interaction entre deux masses qui varie comme l'inverse du carré de la distance (vieille loi de Newton). On se demande, à juste titre, si cette loi est valable de l'infiniment petit à l'infiniment grand ? À la limite des conditions du big bang (conditions de Planck) c'est vraisemblablement inexact. D'où l'apparition d'autres théories fort complexes telles la supersymétrie, les cordes, supercordes, branes etc. qui restent des spéculations particulièrement complexes et, jusqu'à présent, invérifiables.

Conclusion

Avec la relativité générale, Einstein a jeté les bases d'une nouvelle branche des sciences : la cosmologie scientifique. Elle a permis, pour la première fois, de reconstituer une histoire rationnelle cohérente de l'Univers et d'en élaborer une représentation scientifique dite « modèle standard ». Il ne s'agit évidemment que d'un modèle, mais qui présente divers avantages, le plus important étant d'être adaptable aux progrès de la théorie et des observations. Le modèle standard permet également de supposer que l'Univers possède une origine, la plus communément acceptée étant celle du big bang. Mais ce n'est pas la seule plausible !

La relativité restreinte est devenue une théorie "banalisée" tant dans ses applications quotidiennes que dans les enseignements et la diffusion dont elle fait l'objet. C'est particulièrement vrai pour la célèbre relation reliant la masse à l'énergie qui connait un usage industriel avec les questions énergétiques. Elle sert également dans la physique des hautes énergies et des particules élémentaires, en astrophysique, dans l'espace et en optique (effet Doppler relativiste), en chimie et dans nombre d'autres domaines.

Ces nombreux succès relativistes ne cachent cependant pas le fait que subsistent des difficultés de principe dans les tentatives d'unification de la physique. La principale, on l'a dit, concerne les échecs rencontrés jusqu'ici dans les tentatives d'une synthèse entre la relativité et la physique quantique. La difficulté étant de quantifier la gravité. Elle soulève la question de fond suivante : laquelle de ces deux théories pourrait-elle être la cause principale de toute cette longue suite d'incertitudes ? Réponse incertaine. Possiblement les deux ! Pourtant la théorie quantique présente des éléments de validité de plus en plus solides, notamment avec les expériences de décohérence (passage du micro au macrocosme) ou de l'intrication quantique (corrélations irréductibles d'objets quantiques ayant interagi) et de vérification des inégalités de Bell (tests de validité).

Dans la seconde partie de sa vie passée à Princeton, aux Etats-Unis, Einstein s'est longuement penché sur ce problème en tentant de le résoudre par la théorie des champs. Sans succès. La question est complexe, et de principe, car la relativité est locale alors que l'intrication quantique incite à pronostiquer que ce ne serait pas le cas de cette théorie. Et les physiciens s'égarent depuis près d'un siècle dans ce flou quantique.

Les conséquences philosophiques et culturelles de la relativité ont été, et restent considérables. D'abord cette théorie a signé la fin des absolus, certes ceux de la physique, mais qui sont aussi ceux de la perception du Monde. Opinion qui ne pouvait pas ne pas diffuser dans d'autres champs du savoir, dont la philosophie de la connaissance. L'espace et les longueurs, le temps et la durée, la simultanéité, en fait les observations usuelles deviennent relatives à chaque observateur. Et certaines sont nécessairement contraintes par la vitesse limite de la lumière. La pensée philosophique principale qui a guidé Einstein dans ses travaux, notamment lors de ses affrontements avec l'Ecole de Copenhague, a été d'affirmer la réalité du Monde et son intelligibilité affirmée dans sa célèbre déclaration : « *la chose la plus incompréhensible du monde est qu'il soit compréhensible.* »

C'est à tous ces titres que, Einstein comme Darwin, sont deux aventuriers du savoir. D'abord, l'un comme l'autre travaillèrent en solitaire. Ensuite, par leur méthodologie, ils ont inauguré une nouvelle pratique de la science : la réduction au strict minimum des hypothèses de base clairement exprimées qui sont indispensables pour l'exploitation d'une idée originale, la sélection naturelle chez Darwin, la constance absolue de la vitesse de la lumière chez Einstein. Ils ont instauré l'utilisation des expériences de pensée, explicites chez Einstein, implicites chez Darwin dans la reconstitution phylogénétique des espèces. Enfin, de leurs travaux respectifs sont nées deux sciences nouvelles, la biologie et la cosmologie. Ces deux sciences ont profondément enrichi le savoir humain et ouvert des champs nouveaux aux applications dont on n'a pas fini d'explorer les conséquences.

Chapitre 6

Les conséquences de la relativité générale

Si le contenu et la dynamique du concept d'Univers sont primordiaux pour la cosmologie, ils le sont tout autant, et à divers titres dans la philosophie de la connaissance. En faisant de l'Univers un concept physique désacralisé, soumis aux mêmes lois rationnelles que les autres constituants de la Nature, la relativité générale a changé son statut et la perception que nous en avons. Elle l'a dépouillé de tout un fatras hétéroclite lié aux traditions et légendes, aux révélations et autres mythes des origines. Elle n'a pourtant pas réussi à rendre obsolète tout le folklore divinatoire des « lecteurs d'étoiles » qui, autrefois, ont rassemblé quelques grands scientifiques comme Copernic, Kepler ou Galilée.

L'un des aspects les plus remarquables de la relativité est le très faible nombre d'hypothèses sur lesquelles elle repose. On a vu que deux suffisent pour fonder la relativité restreinte. Guère plus dans le cas général. Mais il faut alors quitter le monde euclidien si familier et aborder les espaces courbes pour établir les équations géométro-dynamique de la gravitation. Ceux-ci rendent alors nécessaire l'introduction de nouveaux outils mathématiques complexes qui venaient à peine d'être découverts. Ce qui ne facilita pas le travail d'Einstein pour établir ses équations. De plus, leur résolution pose des problèmes dans ces espaces qui, à l'époque, n'étaient pas d'utilisation courante. Et l'on ne disposait pas de nos puissants moyens informatiques pour les étudier. C'est pourquoi les débuts des recherches en relativité générale furent assez lents. Et, comme ces équations sont locales, elles ne fournissent pas de renseignements sur la topologie, ce qui ne facilite pas la recherche de solutions.

Les origines des espaces courbes

Depuis vingt-cinq siècles, une question est posée à la géométrie qui fut axiomatisée dans un ouvrage fondamental, les *Éléments,* attribué à Euclide. Reposant sur un ensemble de définitions et de postulats réductibles à cinq, les quatre premiers ne posent pas de problème. En revanche ce n'est pas le cas du cinquième, dit « postulat des parallèles ». Dans sa formulation moderne, il déclare que *« par un point pris hors d'une droite il passe une et une seule parallèle à cette droite ».* Dès les origines, les mathématiciens ont soupçonné que ce postulat pourrait être démontrable à partir des quatre premiers. Autrement dit, il serait redondant. Propriété qu'ils ont vainement cherché à démontrer malgré de nombreuses tentatives. Ils finirent donc par considérer qu'il s'agit effectivement d'un axiome. Donc qu'il est effectivement indépendant des quatre premiers. Ce qui va poser quelques problèmes.

Le cinquième postulat d'Euclide

Pour essayer de démontrer que le cinquième postulat d'Euclide était en réalité la conséquence des quatre précédents –c'est-à-dire un théorème– la méthode généralement utilisée était la démonstration par l'absurde. Il s'agit d'un procédé général de démonstration mathématique consistant à rechercher une contradiction déduite d'une axiomatique contenant le contraire de ce postulat, ou ne le contenant pas. Or quelles que soient les recherches effectuées dans ces conditions, aucune contradiction ne fut jamais mise en évidence. Ce qui paraissait étrange. Ces échecs conduisirent pourtant un mathématicien italien, G. G. Saccheri (1667-1733), à proposer, dans *Euclides ab omni naevo vindicatus* (Euclide sans imperfection), une « pseudo démonstration »[28] de l'indépendance de ce postulat. En le niant, non seulement Saccheri n'obtint pas la contradiction recherchée, mais il en tira un certain nombre de déductions aussi originales qu'étranges. Il s'agissait de différents théorèmes nouveaux et tout à fait cohérents (non contradictoires) bien que sans rapport avec ceux de la géométrie euclidienne. Bien qu'il posséda ainsi les moyens de découvrir une nouvelle géométrie non euclidienne, il n'osa cependant pas franchir le pas, probablement pour des raisons culturelles. Reflétant l'opinion générale de l'époque, l'encyclopédiste et mathématicien Jean le Rond D'Alembert alla jusqu'à déclarer que le cinquième postulat est le « scandale de la géométrie ». Car, à cette époque, mettre en doute l'unicité et le caractère de « vérité absolue » de la géométrie euclidienne n'était tout simplement pas pensable. Pas plus que celle des absolus newtoniens. Et la contester ne fut pas une mince affaire qui occupa la seconde partie du XIX° siècle.

Les géométries courbes

Pourtant, compte tenu de ce qui précède, le mathématicien et physicien C. F. Gauss (1777-1855) émit, en 1810, l'hypothèse d'une possible existence de géométries non euclidiennes. Mais, par crainte des réactions des

---

[28] « pseudo » parce qu'il s'agit d'une sorte de discussion-démonstration stricto sensu non mathématiquement rigoureuse, donc contestable, ce que ne manqua pas de faire le mathématicien J. H. Lambert (1728-1777).

autorités de tous ordres et pour éviter les ennuis, il ne publia aucun article mathématique sur ce sujet, « par peur des béotiens ».

Quelques décennies plus tard, le célèbre mathématicien B. Riemann (1826-1866) entreprit des travaux de géométrie différentielle qui permettaient une extension de l'étude des longueurs et des angles sur les espaces courbes. C'était la voie ouverte aux géométries courbes, celles qu'utilisera Einstein dans sa théorie de la relativité générale. Une partie des travaux de Riemann firent l'objet de sa thèse de doctorat et furent donc publiés.

Il existe deux grandes familles de géométries courbes : celles qui sont à courbure négative, dites « hyperboliques » pour lesquelles le cinquième postulat déclare que *« par un point pris hors d'une droite, il passe une infinité de parallèles* ». Et celles qui sont à courbure positive, dites elliptiques ou riemanniennes, pour lesquelles le cinquième postulat déclare que « *par un point pris hors d'une droite il ne passe aucune parallèle* ». Et il se trouve que, bien qu'étant irréductibles l'une à l'autre, pas plus qu'à celle d'Euclide, chacune des trois géométries est « vraie », mais uniquement *vraie dans son axiomatique propre.* C'est, avec la fin de la « vérité absolue euclidienne », une autre illustration du concept de relativisme : il n'existe pas de « géométrie vraie » ou, plus exactement, « une géométrie plus vraie que les deux autres ». Constatation qui ne fut pas facilement admise par les contemporains de ces découvertes et suscita bien des querelles et des incompréhensions, même chez de grands esprits.

Les géométries hyperboliques

Elles ont été étudiées par les mathématiciens N. I. Lobatchevski (1792-1856), puis par F. Klein et H. Poincaré. En 1837 Lobatchevski publie un mémoire intitulé *Géométrie imaginaire* qui traite d'un ensemble de propriétés trigonométriques d'une surface sphérique de rayon imaginaire. Il applique ses relations à différents calculs effectués en géométrie hyperbolique, montrant ainsi qu'il est possible de contourner le cinquième postulat. Ses travaux resteront mal connus de son vivant. Citons également J. Bolyai (1802-1860) qui eut la malchance d'œuvrer peu après Lobatchevski mais, dérouté, il ne poursuivit pas ses recherches.

Dans un article décisif intitulé *On the So-called Non-Euclidian geometry* (Sur les « dénommées » géométries non euclidienne -1871) le mathématicien F. Klein (1849-1925) clos la querelle de la validité contestée des géométries non euclidiennes en montrant que ce sont des géométries à part entière, au même titre que la géométrie euclidienne. Pour cela, il démontre que leur consistance (non contradiction) logique étant liée à celle d'Euclide, la non-validité des unes entraînerait celle de l'autre. Ce faisant, il propose une vision unifiée de toute la géométrie. Pourtant ce remarquable travail n'éteindra pas toutes les contestations.

Peu après, le mathématicien allemand D. Hilbert, –dont on a dit qu'il fut un « concurrent » d'Einstein dans la mise au point de ses équations relativistes de base –, axiomatisa la géométrie euclidienne dans son texte célèbre *Les fondements de la géométrie* (1899). Texte qui confortait les travaux de Klein et, comme ces derniers, était censé mettre un point final à la « querelle des géométries » en montrant leur équivalence. Une belle illustration du relativisme de la connaissance.

Dans les géométries hyperboliques, le théorème de Pythagore ne s'applique plus et la somme des angles d'un triangle n'est plus égale, mais inférieure à deux angles droits. Différentes représentations ont été proposées dont le disque ou le demi-plan de Poincaré et la « selle de cheval » ou la « bobine » de Lobatchevski. Notons que la quadrature du cercle, impossible en géométrie euclidienne, devient possible en géométrie hyperbolique.

La géométrie elliptique ou riemannienne

Comme indiqué ci-dessus, il s'agit d'une géométrie à courbure positive, encore appelée géométrie sphérique, qui fut introduite par Riemann, dans laquelle les parallèles n'existent pas. Le modèle le plus intuitif est la sphère puisque par tout point de la surface passe une infinité de grands cercles qui sont les « droites de la sphère ». Toutes ces droites sont sécantes entre elles. Dans cette géométrie, les angles d'un triangle sont supérieurs à deux angles droits (il existe un triangle ayant tous ses angles droits).

Riemann étudia les systèmes de coordonnées relatives en géométrie courbe et utilisa un outil mathématique particulier, appelé tenseur. Quelques années plus tard, la théorie des tenseurs a été exposée dans deux textes fondateurs ayant respectivement pour titre *Le calcul différentiel absolu* (1892) et *La théorie des tenseurs dans les méthodes de calcul différentiel et leurs applications* (1900), textes dus au mathématicien G. Ricci-Curbastro (1853-1926) et à son élève T. Levi-Civita (1873-1941). L'intérêt majeur des tenseurs est dû au fait que, étant définis intrinsèquement, ils ne dépendent pas du système de coordonnées, raison pour laquelle ils servirent de base à la théorie de la relativité générale. Ce sont des outils complexes dont l'utilisation posa quelques problèmes à Einstein qui dû faire appel à son ami, le mathématicien M. Grossmann. De cette collaboration résultèrent deux articles : l'un sur la gravitation et l'autre sur la covariance, les deux en 1914.

Le système d'équations du champ d'Einstein prend une forme mathématique simple grâce à l'utilisation des tenseurs caractérisant, d'une part, la courbure de l'espace-temps et, d'autre part, l'énergie-impulsion liée à son contenu. La courbure dépend donc de la matière-énergie et réciproquement. Le système théorique de base est obtenu en mettant en concordance ces deux représentations tensorielles d'où sont extraites les équations à résoudre. La recherche de solutions est une opération particulièrement complexe. On ne sait d'ailleurs pas la réaliser dans des cas généraux, d'où la nécessité de recourir à des approximations et à l'étude de modèles simplifiés. À la limite des champs faibles, on retrouve le champ classique de Newton. Dans les cas hautement énergie-massiques tels que les monstres cosmiques : les trous noirs, les magnétars, les quasars, les pulsars... seule la relativité générale permet leur étude laquelle exige le plus souvent le recours à des méthodes numériques de simulation.

Rappelons que le principe cosmologique postulant l'homogénéité et l'isotropie de l'Univers permet de définir un temps universel. Tous les observateurs, ou qu'ils soient, en mesurent donc le même âge

L'Univers évolutif

Jusqu'à une époque très récente, l'Univers était considéré comme étant unique, on n'avait pas encore envisagé l'hypothèse des multivers. Nous avons rappelé quelles représentations en avaient imaginées les Anciens, de Platon à Ptolémée. Même E. Kant estimait que le concept d'Univers est une illusion puisque, selon lui, il est « unique et ne peut faire l'objet d'aucune expérience ». La situation changea à partir du XVII° siècle, essentiellement, comme on l'a dit, avec les travaux de Copernic, Kepler, Galilée et Newton. Le changement de paradigme majeur fut le passage d'une vision statique du Monde à une vision dynamique interne. C'est à dire avec la prise de conscience et l'acceptation du fait que ce Monde est soumis à des lois et, progrès intellectuel majeur, que ces lois sont compréhensibles et accessibles à la connaissance humaine.

Tournant intellectuel qui marqua les débuts de la libération des institutions enseignantes et savantes de la mainmise d'un pouvoir religieux autoritaire et sectaire, libérant ainsi les esprits. Cette libération vit l'émergence, puis les développements rapides de différentes voies de recherches qui finirent par constituer le socle d'un nouveau savoir. Avec la découverte de la thermodynamique, une nouvelle étape était franchie donnant un sens à la flèche temporelle de l'évolution, donc à celle d'un Univers qui devenait soumis, comme le reste, au principe général d'évolution et à l'entropie.

Les importants progrès technologiques de la fin du XIX° siècle, notamment en optique, changèrent profondément notre connaissance de l'étendue, mais également de la constitution d'un Monde qui se révélait de plus en plus vaste et complexe. Notre propre système solaire rétrécissait inexorablement au regard des étendues de ces « espaces infinis » qui, rêvés par Pascal, étaient devenus bien réels. Au début du XX° siècle, on découvrit que même notre galaxie, la Voie lactée, n'était pas unique. Et c'est à point nommé que la relativité générale vint mettre un minimum d'ordre, mais surtout une certaine compréhension dans ce prodigieux kaléidoscope cosmique.

On a dit qu'une étape importante fut franchie quand, en 1929, l'astronome E. Hubble établit une première loi cosmologique montrant que l'Univers est en expansion : il s'agit d'une dilatation globale, sorte de gonflement, signant la fin définitive du statisme. D'ailleurs dès 1922 le théoricien russe A. Friedmann (1888-1925) avait trouvé une solution particulière des équations d'Einstein montrant cette possibilité. Fait confirmé quelques années plus tard par les travaux théoriques analogues de l'abbé belge G. Lemaître (1894-1966) qui fut le premier à envisager l'hypothèse d'une possible origine, « l'atome primitif », sorte d'ancêtre du big bang. L'extension et ce concept ne furent pas faciles à admettre. Einstein lui-même qualifia ces travaux d'« abominables », refusant d'abandonner le statisme d'un Univers éternel, conception qui restait d'inspiration religieuse. Différents résultats observationnels et calculatoires finirent par avoir raison de ses réticences. Probablement pour des raisons philosophiques, certains scientifiques s'obstinèrent pourtant à rechercher des mécanismes peu convaincants pour tenter de sauvegarder la stationnarité. Le plus acharné fut l'astrophysicien britannique F. Hoyle, l'inventeur, par dérision dans les années cinquante, de l'expression « big bang » ! Il ne se doutait certainement pas de l'incroyable succès de sa très « british » plaisanterie.

La constante cosmologique

La constante cosmologique est un paramètre qui a une histoire étrange. Elle fut introduite par Einstein dans ses équations finales du champ pour assurer leur compatibilité avec l'obtention de solutions statiques de l'Univers. La découverte de son expansion remis en cause l'existence de cette constante (« *la plus grande bêtise de sa vie* » selon son auteur). De ce fait, Einstein l'annula. On en resta là jusqu'à la fin du siècle dernier ou la découverte de l'énergie du vide, et de l'accélération de l'expansion, remis en question l'existence de cette constante.

Entre-temps certains théoriciens avaient cherché des solutions en donnant différentes valeurs à ce paramètre. Ainsi Lemaître constata que, selon les valeurs choisies, il pouvait obtenir toute une gamme variée de modèles d'Univers, certains infinis, d'autres finis bornés, en expansion ou même pouvant évoluer vers le « big crunch » (écrasement terminal), etc. Cette variabilité est due au fait que la constante cosmologique est une expression de la densité d'énergie du vide à l'échelle cosmologique laquelle conditionne la nature de la géométrie d'espace-temps. Il s'agirait d'une sorte de force hypothétique répulsive appelée énergie sombre, qui accélérerait l'expansion de l'Univers. Bien que l'on ait des incertitudes sur son intensité, son calcul par le modèle standard donne une valeur gigantesque alors que l'on s'attendrait plutôt à ce qu'elle soit très faible. Ce que confirment certaines mesures comme les effets Casimir ou Lamb. L'écart, incompréhensible, entre ces deux estimations est gigantesque (120 ordres de grandeur) ; phénomène appelé « catastrophe du vide » qui reste inexpliqué.

Pour rendre compte de l'état actuel de l'Univers, il faudrait un ajustement d'une trop grande précision de la constante cosmologique, ce qui n'est pas scientifiquement cohérent. Cette divergence pose la question des limites de validité du modèle standard de l'Univers.

Si le modèle était confirmé, le vide quantique contiendrait potentiellement une telle densité d'énergie que certains ont envisagé l'idée de l'exploiter. Si quelque moyen était trouvé, en théorie l'humanité pourrait disposer d'une source d'énergie inépuisable et gratuite… mais en théorie seulement, car une telle perspective remettrait en cause un principe fondamental de la physique : celui de sa conservation, jusqu'ici rigoureusement vérifiée !

Le modèle standard de l'univers

La découverte du fond de rayonnement cosmique de l'Univers, en 1965, fut également une étape importante en fournissant un premier moyen d'analyse lié à l'hypothèse du big bang. Il s'agit d'une sorte de fossile électromagnétique, résidu supposé du big bang, occupant tout l'espace cosmique. C'est, en quelque sorte, le rayonnement micro-onde d'un corps noir froid (2,7°K). D'autres éléments suivirent rapidement de sorte que cette hypothèse est devenue la base d'un « modèle cosmique standard ». Pourquoi « modèle » ? Parce qu'une théorie, quelle qu'elle soit, n'est, et ne peut être qu'une image d'une incertaine réalité.

De toute façon, tant l'histoire de l'Univers que sa structure globale ne peuvent que faire l'objet de conjectures dont la validité est estimée par approximations successives. Elle dépend des progrès théoriques et observationnels, d'où le concept de « modèle ». La complexité et la multiplicité des solutions des équations relativistes, qui sont locales, ne permettent pas à elles seules de déterminer la structure topologique globale de l'Univers. Pas plus que les observations qui restent, elles aussi, locales et limitées par la vitesse de la lumière à notre voisinage cosmique. Il faut donc construire et tester des modèles théoriques reposant sur des données accessibles et généralement étudiées par des moyens numériques. La grande souplesse de ces méthodes permet, par des procédés d' « essais et erreurs » et de simulations, d'obtenir une convergence de résultats exploitables par ce que les spécialistes nomment un « modèle standard ». Celui-ci n'est qu'une image supposée s'approcher au plus près d'un réel conjectural. Et il présente l'avantage d'être modulable, donc perfectible en fonction des résultats nouvellement acquis.

La question est encore compliquée par la nécessité de recourir à la physique quantique, et à la théorie des particules élémentaires, pour envisager la création de la matière. Il faut utiliser la théorie des interactions nucléaires pour entrer dans les mécanismes du big bang et de la suite des évènements qui sont censés avoir conduit à l'Univers vers l'état tel qu'il nous apparaît.

Les géométries d'Univers

L'étude des propriétés géométriques de l'Univers, dans les conditions où existent des déformations d'espace-temps liées à la gravité, fait partie de la topologie, branche spécialisée des mathématiques. Différents travaux ont été menés avec des modèles les plus simples pouvant servir de base à des assemblages plus complexes. De façon générale, on admet l'homogénéité et l'isotropie de l'espace (principe cosmologique) ce qui simplifie les équations et les solutions. Le théoricien Friedmann a répertorié et étudié trois grandes familles qui correspondent aux trois classes de géométries dont nous avons parlé. Il s'agit des modèles euclidien, sphérique et hyperbolique. Tous se déclinent en plusieurs variantes, certaines finies, d'autres non, autorisant le big bang. Certaines configurations géométriques ne le permettent pas.

On parle souvent d'« Univers observable » sous-entendant une sorte de volume sphérique qui ne représente pas la réalité, mais en est une visualisation commode. D'abord, son rayon est variable, l'Univers étant en expansion, ensuite, il n'y a pas de centre, car, comme l'a dit Giordano Bruno : « *l'Univers est une sphère infinie dont le centre est partout et la circonférence nulle part* ». Enfin tout n'est pas observable : il existe des objets invisibles, ceux situés au-delà de l'horizon dont la lumière, à cause de sa vitesse finie, n'a pas encore eu le temps de nous parvenir. Les objets les plus éloignés étant les plus jeunes, ils sont donc les plus proches du big bang. D'où l'intérêt de leur étude qui est la plus difficile.

On sait avec précision que l'Univers observable est âgé de 13,8 milliards d'années, mais on ignore s'il est fini, ou non, les théoriciens se partageant entre ces deux hypothèses. Le modèle sphérique semble présenter différents avantages dont celui d'être fini tout en n'ayant pas de frontière (comme la sphère). Un paramètre déterminant est la quantité de matière qu'il contient puisque c'est elle qui conditionne l'intensité de l'interaction gravitationnelle et son devenir. Elle détermine également sa structure géométrique ce qui justifie différentes recherches ayant pour but de mesurer le plus précisément possible la densité moyenne de matière cosmique.

Hypothèses sur le devenir de l'Univers

Les résultats actuels ne permettent que d'émettre des hypothèses sur le devenir de l'Univers à très long terme. Seuls quelques scénarios sont envisageables. On sait pourtant qu'il devrait s'agir d'une mort thermique, toutes les étoiles ayant une fin programmée par l'épuisement de leurs ressources en combustible. Une question déterminante est celle de la compétition entre les deux pôles majeurs d'énergie gouvernant l'Univers que sont, d'une part, l'énergie de mouvement, ou énergie cinétique (répulsive) et, d'autre part, l'énergie gravitationnelle de l'ensemble, celle de la totalité des masses (attractive). Les données satellitaires les plus récentes sembleraient montrer que la première est la plus intense ce qui vouerait l'Univers à une mort glacée, voguant indéfiniment et de plus en plus lentement vers un néant sans limites. À l'évidence, ce ne sont que des hypothèses qui ne valent que ce que valent les modèles utilisés.

Le futur cosmique dépend également de la géométrie réelle qui, si elle était « presque plane », donnerait également lieu au scénario précédent, soit une extension sans fin : le « big freeze » (grand refroidissement). À la suite de différentes expérimentations spatiales, il semblerait que notre Univers soit plus ou moins proche de telles conditions géométriques critiques, à quelques approximations non triviales près. D'autres perspectives sont envisageables, non seulement en fonction des géométries possibles, mais également de l'instabilité de certains constituants tels les protons, ou noyaux d'hydrogène, qui remplissent le volume cosmique. On pourrait alors aboutir à un Univers vide de matière ne contenant plus que des photons et possiblement des neutrinos. Mais tant que l'on ignore si la matière noire existe réellement, et ce qu'elle représente, tout pronostic est hasardeux.

Une autre possibilité serait, selon des conditions internes critiques, la possibilité d'une inversion du mouvement d'extension, se transformant en recontaction : le « big crunch » (le grand écrasement). Le mouvement aller n'étant pas réversible, celui de rétraction ne serait pas son symétrique. En particulier, pour ce qui concerne le temps. Ce cas pourrait se produire si la gravité était suffisante pour finir par l'emporter. Il s'agirait d'une sorte de big bang à l'envers dans lequel le temps se diluerait et disparaîtrait à la convergence ultime. Ce modèle pose la question intéressante de l'existence d'une densité critique de matière, valeur au-delà de laquelle ce phénomène se produirait. En admettant une répartition homogène de la somme des masses cosmiques recensées, cette valeur est approximable bien qu'une importante incertitude provienne de l'hypothèse de la matière noire.

Précisément, une troisième possibilité serait liée à des effets associés à l'énergie sombre et à cette étrange matière noire qui n'interagirait avec rien d'autre que la masse. L'hypothèse de l'énergie sombre a été introduite pour expliquer l'accélération de l'expansion de l'Univers découverte en 1998. Il s'agirait d'une sorte de gravité négative, c'est à dire répulsive, remplissant uniformément tout le volume cosmique. En accélérant l'expansion, l'Univers atteindrait un seuil énergétique au-delà duquel surviendraient des séries d'évènements catastrophiques engendrés par l'accroissement considérable de cette sorte d'énergie « fantôme » qui irait en s'accélérant pour finalement atteindre un seuil de dislocation.

C'est l'hypothèse d'une fin de l'Univers de type « big rip » (la grande déchirure). Bien qu'une telle fin semble plutôt atypique, elle a pourtant fait l'objet de recherches. Cet excès d'énergie atteindrait rapidement une intensité quasi infinie induisant de gigantesques effets d'étirements-contractions autodestructeurs. Les amas de galaxies puis les galaxies, les systèmes planétaires, les planètes, toute la matière organisée et même les atomes et les noyaux seraient soumis à de gigantesques forces d'arrachement et disparaîtraient les uns après les autres par dislocation. Le cataclysme allant en s'accélérant, il viderait de plus en plus rapidement l'Univers de toute matière. Selon certains théoriciens, un tel processus pourrait se déclencher d'ici à une vingtaine de milliards d'années. Les perspectives sont effrayantes : la destruction de la Terre ne demanderait que quelques minutes ! Celle des atomes une infime fraction de seconde ! Il s'agit évidemment d'un scénario catastrophe purement spéculatif, mais que rien, dans les connaissances actuelles, n'interdit ni ne contredit.

Les multivers

Dans le passé certains auteurs tels Nicolas de Cues (*Docte ignorance,* 1440), Giordano Bruno (*L'infini, l'Univers et les nombres,* 1584), ont envisagé l'existence d'« autres Mondes » qui seraient distincts du notre. Il ne s'agissait cependant pas d'Univers au sens actuel, notion inconnue, mais en quelque sorte d'autres systèmes de type système solaire. En effet, à cette époque c'était le seul système connu, théorisé par Ptolémée puis plus ou moins amélioré.

Dans la science-fiction, on trouve nombre d'auteurs qui parlent « d'autres Mondes », « d'Univers parallèles », mais il y a souvent confusion entre hyperespaces (c'est à dire espaces à plus de trois dimensions, comme l'est le notre) et espaces intergalactiques aux propriétés différentes du notre mais situés dans notre Univers. Par exemple avec *Terre I et II* de *DC Comics*, ces extramondes sont des feuillets différents d'un même ensemble spatial. Jusqu'à une époque récente, il ne s'agissait pas de multivers, concept qui restait inconnu.

La première référence scientifique traitant des Univers parallèles se trouve dans le mémoire de thèse du physicien américain Hugh Everett (1956). L'idée originale de l'auteur est proposée pour interpréter la question controversée de la mesure quantique. La nature probabiliste de cette théorie conduit Everett à associer un « Monde » à chacune des composantes probabilistes de la solution. D'où un groupe virtuel dit « de Mondes parallèles » parmi lesquels l'acte de mesure rendra effectif l'un d'eux qui deviendra « le réel », celui de l'observateur. Le problème concerne l'effectivité de ce réel extrait de ces « Mondes parallèles » qui, pour Everett, existent réellement. Hypothèse qui a soulevé, et soulève toujours bien des discussions et controverses. Cependant ces Mondes parallèles, s'ils existent, sont des superpositions de Mondes identiques au notre. Il ne s'agit pas des Univers multiples (multidimensionnels) ou des multivers aux propriétés différentes, non identifiés à l'époque. Pas plus que des feuillets de la science-fiction.

À la fin du siècle dernier, des travaux scientifiques sur les possibles mécanismes du big bang ont montré qu'un tel processus pourrait ne pas être unique (« mousse d'Univers » et inflation de A. Linde). Ainsi d'autres big bang créeraient d'autres Univers parallèles, mais distincts du notre et sans rapport avec lui. Ce seraient effectivement des Univers parallèles ou « multivers inflationnaires » encore appelés « Univers bulles », car possiblement créés en chapelets. Par leur origine et leur nature, il n'existerait aucun rapport entre ces multivers et les Univers multiples d'Everett qui, étant des duplications du notre, posséderaient les mêmes propriétés physiques. Ce ne serait absolument pas le cas de ces multivers inflationnaires constituant des Mondes aux propriétés physiques totalement différentes les unes des autres, donc sans rapport avec celles du notre. En effet, cette indépendance résulterait du hasard inhérent aux conditions initiales de leur origine. Ce serait, en particulier, le cas de leur nombre respectif de dimensions et des valeurs de leurs paramètres structurels déterminant leurs propriétés (les constantes fondamentales). Que contiendraient ces multivers ?....Ce n'est qu'une question d'imagination des auteurs. C'est néanmoins une perspective vers le concept de Métamondes aux propriétés indéterminées, perspective aux horizons illimités !

Aujourd'hui, il n'est plus possible d'ignorer l'hypothèse d'existence de multivers même si elle ne rencontre pas l'unanimité des cosmogonistes et des cosmologistes. Nous mesurons la générativité travaux d'Einstein, car sans la relativité générale, sans les géométries courbes et sans ses contributions essentielles à la physique quantique, la discussion qui précède serait sans objet. De plus, on retrouverait Darwin pour discuter des conditions certainement très spécifiques d'apparition de la vie dans notre propre Univers. Et, pourquoi pas, d'envisager d'autres sortes de structures biologiques. Voire d'autres formes de vie dans certains multivers sous des aspects qui, sans eux, auraient été tout à fait inimaginables pour les terriens que nous sommes !

Il convient encore de noter que si ce qui précède se fonde, et ne se fonde que sur des considérations théoriques, au mieux sur des simulations numériques, absolument aucune donnée scientifique actuellement connue ne s'oppose à ces spéculations. Ce qui ne signifie évidemment pas qu'elles les accréditent.

Pour conclure

Nous sommes parvenus aux confins des conséquences de la relativité générale et des travaux d'Einstein. C'est précisément le propre d'une théorie authentiquement originale de posséder de puissantes propriétés génératives, c'est-à-dire capables d'ouvrir de nouvelles voies de recherches, de connaissances et de réflexion. La révolution apportée à notre compréhension du temps, de l'espace et de la géométrie par la relativité et l'introduction d'idées nouvelles telles que les multivers ne peuvent que nous surprendre par les perspectives ouvertes et les interrogations ainsi suscitées sur le futur de l'humanité. Dans quel Univers vivons-nous ? Appartiendrions-nous à un Métamonde dont nous ne serions qu'une infime partie ? Côtoierait-on des Univers parallèles ? Il est remarquable d'observer que c'est par le seul moyen de spéculations intellectuelles qu'Einstein est parvenu à remettre en cause la structure même de l'Univers et de son contenu. Souvenons-nous que le théoricien britannique Paul Dirac a prévu également par voie purement théorique, en 1931, l'existence d'antiparticules découvertes l'année suivante.

Terminons en remarquant que ces observations valent également pour les travaux de Darwin concernant leur générativité. Quelle pourrait être l'évolution du phénomène vital. Celle du Sapiens est-elle terminée ? Quel pourrait être son devenir ? Va-t-on assister à une compétition entre la bionique et la cybergénétique ? Entre des cyborgs et des transhumaniens ? Va-t-on créer quelque forme de vie artificielle ? Quelles surprises l'espace pourrait-il nous réserver ? Ces quelques remarques montrent que certaines questions cruciales sur notre futur se retrouvent aussi bien dans les potentialités du darwinisme que dans celles posées par le relativisme cosmique. D'autant que, dans l'espace, il y a convergence entre les applications de ces deux théories. Ce sont toutes ces questions qui font que Darwin et Einstein méritent largement le titre d'aventuriers du futur. Aventuriers, car, dans ces champs nouveaux que sont la biologie et le cosmos, le meilleur peut également côtoyer le pire.

Chapitre 7

Einstein et la théorie quantique

Par ses travaux réalisés entre les années 1901 et 1920 Einstein a largement contribué à l'émergence d'une nouvelle physique, celle du microcosme, qui fut d'abord appelée mécanique ondulatoire, puis quantique par le physicien M. Born (*Zur Quantenmechanik* ; Sur la mécanique quantique - 1924). C'est, comme on l'a dit, Einstein qui démontra la réalité des atomes, qui fit l'hypothèse des « grains de lumière », futurs photons, et détermina leur énergie, qui proposa la dualité onde-corpuscule de la lumière, qui calcula la probabilité des transitions quantiques et mit au point la statistique de Bose-Einstein. Plus généralement, et à la suite du problème du rayonnement du corps noir traité par Planck, c'est la question des échanges d'énergie entre les rayonnements électromagnétiques et la matière qui a donné naissance à cette nouvelle physique.

La dualité onde-corpuscule

L'étude des émissions lumineuses de l'atome d'hydrogène sous l'action d'un champ électrique donna naissance à cette nouvelle mécanique. Il s'agissait d'interpréter ces émissions qui se traduisent par des séries lumineuses de fréquences discrètes, dites raies spectrales, obéissant à une forme de loi expérimentale très simple. Le problème est précisément la compréhension de la structure de cette loi qui fait intervenir des suites de nombres entiers et montre que l'énergie émise par l'atome d'hydrogène ne peut pas varier continûment. Pourquoi ? Au début du siècle dernier, le physicien danois N. Bohr parvint à en donner une explication schématique, mais qui n'était pas compatible avec la mécanique classique, celle de Newton. Il fallait en chercher la raison ! Le développement de cette nouvelle mécanique s'effectua selon deux voies distinctes qui, finalement, se sont révélées équivalentes.

La première méthode, dite mécanique quantique, date de 1925. L'idée de départ est due au physicien allemand W. Heisenberg (1901-1976) avant d'être rapidement développée par les physiciens M. Born et P. Jordan. Il s'agissait d'associer la théorie mathématique des matrices (tableaux de nombres à deux entrées) au modèle atomique de Bohr et d'établir les règles de transition, dites de quantification, entre les différents états énergétiques discrets de l'électron que comporte ce modèle atomique d'hydrogène. Procédure permettant d'expliquer pourquoi les séries de raies d'émissions lumineuses sont discrètes. Cette méthode connut une extension rapide, s'appliquant à de nouvelles expérimentations et résultats obtenus dans le micromonde. Pourtant, son interprétation n'était pas exempte de difficulté : il s'agissait plus d'un recueil de recettes que d'une véritable justification.

La seconde méthode, dite mécanique ondulatoire, est due à l'initiative du physicien français L. de Broglie (1892-1987) qui remarqua que, bien qu'associé par Einstein à une onde électromagnétique, dans le cadre relativiste le photon possède tous les attributs d'une particule (énergie, quantité de mouvement, etc.). Aussi de Broglie proposa-t-il, en 1923, de symétriser ce modèle, c'est-à-dire associer une onde à tous les corpuscules connus. Dans sa thèse, soutenue en 1924, de Broglie calcule la longueur d'onde de cette onde associée à la matière, appelée peu après « fonction d'onde ». C'est la généralisation du dualisme de la matière, vérifié expérimentalement, en 1927, par les physiciens Davison et Germer, qui permettra, en 1929, l'attribution du prix Nobel de physique à L. de Broglie.

Reprenant ces idées, le physicien autrichien E. Schrödinger (1887-1961) établit, en 1926, une équation d'évolution de cette fonction d'onde qui en permet le calcul. Cette équation célèbre, généralisation de l'équation des ondes de Maxwell, inaugure l'ère de la mécanique ondulatoire et conduira son auteur à obtenir le prix Nobel de physique en 1933. Le problème est alors celui de l'interprétation de cette onde qui existe dans un espace multidimensionnel, et non dans l'espace réel, celui des objets. Sans entrer dans les détails, indiquons que c'est le physicien allemand M. Born qui, en 1926, trouva la solution laquelle est, précisément, de nature statistique : cette fonction, dite « *amplitude de probabilité* », permet de calculer une *densité* de probabilité impliquant que les atomes ne sont plus considérés individuellement, mais de façon statistique. Schrödinger démontra l'équivalence de sa théorie avec la théorie matricielle de Heisenberg.

En 1927 Heisenberg découvrit le principe d'indétermination[29], l'une des causes, avec la densité de probabilité, du « flou quantique ». Ce principe déclare l'impossibilité de mesurer simultanément la position et la quantité de mouvement (la vitesse) d'un corpuscule. D'où, en l'absence de ces deux paramètres, l'impossibilité de déterminer la trajectoire d'un corpuscule, par exemple d'un électron dans un atome. C'est également une remise en question du déterminisme. Ce que va vigoureusement contester Einstein.

---

[29] Principe qui est encore appelé « principe d'incertitude », appellation ambiguë, car la cause de l'indétermination n'est pas due à la technique, mais à la théorie.

Finalement, en 1930, le physicien théoricien britannique P. A. M. Dirac (1902-1984), dans un ouvrage fondateur intitulé *Principes de la mécanique quantique,* fait une synthèse brillante des travaux antérieurs et établit sur des bases mathématiques solides les lois fondant cette nouvelle physique du microcosme. Il montre que les deux approches précédentes ne sont que deux représentations différentes d'une même structure mathématique et généralise l'équation de Schrödinger. Par la même occasion il découvre, par la théorie, l'existence des antiparticules dont la première, l'antiélectron (positron), est identifiée en 1933 par C. D. Anderson dans le rayonnement cosmique. C'est l'ouverture d'un monde nouveau : celui de l'antimatière dont les autres composantes (antiproton, antineutron, etc.) seront découvertes dans les années qui suivront. Et, au cœur de la dynamique de ce Nouveau Monde, on retrouve la célèbre relation masse-énergie d'Einstein.

Un problème

La ferme contestation de la nouvelle mécanique quantique par Einstein portait essentiellement sur deux points : le principe d'indétermination et la description purement statistique des objets auxquels elle s'applique dans le microcosme (le célèbre « *Dieu ne joue pas aux dés*[30] »), comme nous venons rapidement de le rappeler. Elle convient pour un ensemble idéal de systèmes identiques en permettant le calcul des valeurs moyennes des différents paramètres physiques. Mais elle n'en permet pas le calcul pour les cas individuels, par exemple pour l'instant de désintégration d'un noyau radioactif ou la localisation d'un électron atomique.

[30] qui, selon la légende, lui aurait valu cette réplique de Bohr : « Qui êtes-vous, Monsieur Einstein, pour dire à Dieu ce qu'il doit faire ? ».

Pour cette nouvelle mécanique, les objets, au sens classique, ne sont pas définissables. Selon la plupart des Pères fondateurs, n'y a pas, à proprement parler, de corpuscule, pas même d'onde, tant qu'il n'y a pas d'observation ou de mesure, mais seulement des « probabilités d'existence » de tels éléments. Terme vague et ambigu. En conséquence, faute de localisation précise, un objet quantique n'a plus de trajectoire, mais seulement un champ de probabilités de présence défini par sa fonction d'onde.

C'est une situation inacceptable pour le réaliste qu'est Einstein, spécialiste des expériences de pensée qui, bien que théoriques, mettent en œuvre des éléments de la réalité. En tant que tel, il n'accepte pas ce qu'il ne peut pas soumettre au contrôle, à la vérification, à l'expérimentation au sens classique. Comme il l'a fait dans le détail, pour la synchronisation des horloges, en relativité. C'est pourquoi il rejette cette interprétation probabiliste qui ne donne aucune réalité aux paramètres physiques d'un corpuscule quantique. Par exemple, on ne peut parler que de la probabilité de présence, en un site donné, d'un électron dans un atome. C'est, pour lui, « une faiblesse de la théorie ». C'est pourquoi Einstein et quelques autres physiciens, dont Schrödinger et L. de Broglie, considèrent que la formulation proposée par une majorité de théoriciens de cette nouvelle physique n'est pas fausse, mais incomplète. Ils estiment qu'elle devrait être complétée par ce qu'ils appellent des « variables cachées » permettant une description plus complète. Ils vont donc tenter de mettre en évidence de telles variables. En vain.

La question posée

La contestation de la mécanique quantique par Einstein et quelques collègues pose finalement la question suivante : *« avec cette nouvelle mécanique peut-on, ou non, obtenir un « résultat » autre que probabiliste ? »*. Ici, le terme

« résultat » est entendu au sens usuel que lui attribue la physique classique. Ce que l'on pourrait reformuler de la façon suivante : « *une image concrète d'un « réel état quantique » a-t-elle un sens ?* » Bien que d'apparence simpliste, sous cette question se cache, en fait, un problème beaucoup plus profond : celui de la nature des relations entre le monde objectif perceptible, le macrocosme du quotidien, et un monde microscopique subjectif apparemment inaccessible. C'est finalement la nature ontologique de la « réalité » dans ses limites qui est posée. Vaste question philosophique.

Le débat Einstein-Bohr

L'interprétation de cette nouvelle physique du microcosme se traduisit finalement par une querelle célèbre dans le monde scientifique. Elle opposa deux prix Nobel : Einstein à son collègue, le physicien théoricien danois N. Bohr, fondateur et directeur de l'Institut de physique théorique de l'Université de Copenhague, et « Père de l'interprétation de Copenhague ». L'objet de la querelle était la justification de l'interprétation probabiliste du monde quantique, due à Bohr, et que le réaliste Einstein ne pouvait pas accepter. On a dit que, en 1913, Bohr imagina une théorie révolutionnaire de l'atome d'hydrogène, vérifiée quelques années plus tard. Elle lui valut le prix Nobel de physique en 1922.

Bohr et son équipe de jeunes et brillants théoriciens (dont Heisenberg et Born) considèrent que, contrairement à Einstein et quelques physiciens, la nouvelle théorie quantique est complète. C'est précisément la question de fond de la querelle qui les oppose : existe-t-il des variables quantiques cachées ? Leur désaccord va d'abord porter, en 1924, sur la constitution de la lumière à propos de l'effet

Compton de diffusion des rayons X par les électrons atomiques. L'interprétation corpusculaire proposée par Einstein fut contestée par Bohr. Des expériences plus complètes de W. Bothe et H. Geiger confirmèrent le point de vue d'Einstein.

Au congrès de physique de Côme, en 1927, Bohr introduisit le principe de complémentarité pour justifier l'aspect dual de la lumière. Selon ce principe, le fait d'observer expérimentalement son caractère ondulatoire exclut *ipso facto* toute possibilité de mise en évidence de son aspect corpusculaire. Et réciproquement. C'est à ce propos que Bohr jeta les bases d'une réflexion qui aboutit à son interprétation dite « de Copenhague ». Outre la complémentarité, elle consiste à postuler que le caractère probabiliste de la théorie quantique et les relations d'indétermination de Heisenberg sont les conséquences inévitables de l'interaction entre l'objet quantique microscopique étudié et son observation nécessitant un appareil de mesure macroscopique. Il y a obligatoirement interaction entre les deux, laquelle ne peut être que perturbatrice car, pour obtenir une information, il faut nécessairement un échange d'énergie, aussi faible soit-il. Toute mesure implique donc une perturbation de l'élément microscopique observé. Aussi, selon cette interprétation, parler d'objet quantique sans lui associer une mesure est dépourvu de sens. Ce qui signifie qu'il n'existe pas de réalité sans observateur. De ce fait, il est impossible de connaître l'évolution d'un objet entre deux mesures. Position absolument inacceptable pour un réaliste comme l'était Einstein. En pratique, il existe différentes versions de l'interprétation de Copenhague qui se résument au constat suivant : les concepts et le cadre de la physique classique ne sont pas adaptés à l'étude du microcosme.

Pour s'opposer à cette interprétation, particulièrement au principe d'indétermination, Einstein imagina différentes expériences de pensée espérant mettre son contradicteur en défaut. Sans succès, car Bohr trouva (plus ou moins facilement) les parades. Ce fut le cas, en 1927, avec l'expérience d'interférences dite « de la double fente ». Où, en 1930, avec « la boîte d'Einstein » tentant de démontrer la violation du principe d'indétermination. En vain, malgré quelques inquiétudes qu'eut à surmonter Bohr pour redresser la situation.

Le paradoxe E. P. R.

Il s'agit d'une expérience de pensée proposée par Einstein et ses deux collaborateurs B. Podolski et N. Rosen, d'où l'abréviation EPR. L'objectif est de réfuter l'interprétation de Copenhague, dont le principe d'indétermination. Elle fut publiée en 1935 sous le titre « *La description quantique de la réalité physique peut-elle être considérée complète* ? ». Il s'agit d'une expérience de pensée théoriquement réalisable (elle le sera) devant permettre la détermination simultanée de deux grandeurs physique que, précisément, le principe d'indétermination déclare non simultanément mesurables. Pour Einstein, si elle est positive cette expérience EPR viole ledit principe impliquant que la mécanique quantique est incomplète. Donc il existe des variables cachées. Pour Bohr, cette expérience est invalidée par le fait que la mesure proposée par EPR concerne un état quantique *préexistant*, donc inexistant de fait tant qu'il n'est pas mesuré selon l'interprétation de Copenhague, ce qui est le cas ici. Aussi l'argumentaire d'Einstein est-il non valable. C'est également l'interprétation probabiliste de Copenhague qui, selon Einstein, n'est qu'un expédient reflétant l'incomplétude de la théorie en son état actuel.

Cette querelle eut notamment lieu lors de Congrès Solvay. Elle dura jusqu'à la guerre, sans que se soit effectivement dégagée une conclusion définitive. À l'époque, l'état de la technologie ne permettait pas l'expérimentation pratique. Il faudra attendre les années quatre-vingt, soit après la disparition des deux opposants, pour que l'expérience apporte des données nouvelles permettant de trancher le débat.

Une première tentative eut lieu en 1982 qui donna raison à l'interprétation de Copenhague, donc à Bohr. Depuis, elle a été confirmée par des moyens plus sophistiqués. De plus, le théoricien irlandais J. Bell a établi, en 1964, des inégalités célèbres permettant, si elles sont utilisées, de trancher le différend entre Einstein et Bohr. Des travaux récents ont, là encore, donné raison à l'interprétation de Copenhague qui peut actuellement être considérée comme confirmée. Ainsi que la non-séparabilité, ou non-localité, comme nous allons le voir. Ce qui complique le problème de l'incompatibilité entre cette nouvelle physique et la relativité et explique les recherches poussées pour tenter de trouver quelque faille à cette dernière. Bien que l'on puisse également supposer que, malgré ses succès, l'axiomatique quantique n'aurait pas obligatoirement atteint sa forme définitive.

Le chat de Schrödinger (paradoxe de Schrödinger)

Il s'agit d'une expérience célèbre (1935) qui fait toujours couler l'encre de certains chroniqueurs. La même année que le paradoxe EPR, cette expérience « de pensée » fut proposée par Schrödinger, père de la célèbre équation éponyme, pour montrer le caractère paradoxal de l'interprétation quantique. Cette expérience est suffisamment connue pour ne pas y revenir[31], la question étant celle de son interprétation. Elle a pour objet de montrer qu'un atome (le chat) peut se trouver

[31] Il s'agit d'un chat confiné dans une enceinte aveugle dans laquelle peut survenir un événement fortuit tuant le chat. Question : à un instant fixé, mais quelconque, en l'absence d'observation, quel est l'état du chat : est-il vivant ou mort ?

dans différents états *virtuels* à la fois, l'acte de mesure discriminant celui qui va devenir effectif (chat vivant/chat mort, selon les cas…). Le résultat est lié à la probabilité de l'état considéré, calculée par la fonction d'onde associée. Étant spécifiques du monde quantique, de telles situations ne sont pourtant pas observables dans le monde macroscopique.

On a vu qu'une interprétation originale, et réaliste, due au physicien Everett permettrait d'affecter l'un de ses Univers parallèles permettant de caractériser chaque état du chat. Étant indépendant les uns des autres, un tel processus de division ne serait pas perceptible. Il existerait donc des états « chat vivant » et des états « chat mort » coexistant dans ces mondes multiples (réels au sens d'Everett), donc différents, tant que rien n'est observé. Et c'est « la mesure » c'est-à-dire l'ouverture de la boîte à chat qui ferait disparaître la virtualité. Ce point de vue contesté reste l'objet de discussions, notamment l'acceptation de la coexistence d'états « chat vivant/chat mort » superposés.

Cette expérience a été imaginée par Schrödinger, et discutée avec Einstein, pour s'opposer à l'interprétation probabiliste de Copenhague selon laquelle, en l'absence d'observation, et comme dit ci-dessus, le chat est à la fois mort et vivant. Pour le réaliste Einstein c'est un non-sens d'estimer que le chat n'ait pas d'état défini tant qu'il n'est pas observé. Pour Bohr, son contradicteur, spéculer sur l'état du chat non encore observé n'est pas une question scientifique. Ici, contrairement au paradoxe EPR, une telle expérience n'a évidemment aucun caractère réaliste. Il s'agit, là encore, d'une querelle entre le réalisme et le positivisme qui montre le caractère bizarre de la théorie quantique sans pourtant trancher le débat : ces expériences de pensée ne parviennent ni à la contredire ni à la réfuter.

L’étrangeté quantique

Ces expériences montrent l’étrangeté du monde quantique.

Un aspect de cette théorie mis en évidence avec le chat concerne ce qui est appelé la décohérence. Rappelons que l’axiomatique quantique de la mesure postule l’existence d’un ensemble états quantiques virtuels, dit « superposition des états » parmi lesquels émergera celui issu de la mesure effective. Certains théoriciens considèrent que l’existence de cette superposition des états ne peut subsister que si l’environnement n’intervient pas. Sinon, par son interaction physique cet environnement provoque le choix de l’état. C’est le processus dit « de décohérence quantique » qui expliquerait que le processus de superposition des états virtuels n’existerait que dans le monde microscopique. Dans le macrocosme, par suite des multiples et inévitables interactions ambiantes, l’observateur de Bohr ne serait plus nécessaire, la décohérence provoquant un effet « équivalent mesure ». D’où l’explication du paradoxe de Schrödinger : que la boîte soit ouverte, ou non, étant macroscopique la décohérence aurait résolu le problème de l’état du chat, celui-ci étant soit vivant, soit mort avant l’ouverture de la boîte.

Un autre aspect étrange de cette théorie est mis en évidence par le paradoxe EPR. Il s’agit d’une propriété insolite de ce monde : la non-localité, ou intrication quantique. Deux objets n’ayant pas interagi sont quantiquement indépendants. Après interaction, ils ne le sont définitivement plus. Ils sont intriqués et le restent quel que soit leur éloignement. Cela signifie que toute mesure sur l’un affecte automatiquement l’autre. C’est la non-localité quantique traduisant une influence instantanée de l’un sur l’autre, aussi éloignés soient-ils l’un de l’autre. Ce qui semblerait aller à l’encontre de l’existence de la vitesse limite de la lumière. On montre cependant qu’il n’en est rien, ce principe relativiste fondateur n'étant pas violé, car il n'y a pas transport d'énergie dans un tel processus. On attribue cette intrication à des corrélations (une coordination) entre les propriétés physiques observées de chacune de ces particules, terme vague qui traduit plutôt une certaine ambiguïté du processus. Il est pourtant démontré expérimentalement. Il commence même à être utilisé en information quantique, dont la cryptographie. Il s'agit d'une propriété incompatible avec le principe de localité, concept philosophique du réalisme local cher à Einstein.

Conclusion

Le monde quantique est étrange et n'a certainement pas fini d'intriguer et d'occuper les chercheurs présents et futurs et de réserver des surprises. D'ailleurs, malgré des travaux mathématiques les plus abstraits, pour l'instant ce monde connaît au moins un semi-échec : il n'intègre pas (ou mal) la gravité. Les tentatives pour y parvenir sont d'une grande complexité et, jusqu'ici, elles s'avèrent non testables expérimentalement. Cette situation pourrait cependant changer avec la mise au point de nouveaux types d'accélérateurs de particules à très haute énergie.

De plus, les considérables succès de cette physique, et les expériences de contrôle qui semblent la confirmer n'effacent pas un certain malaise qui subsiste concernant son interprétation. Ce monde dans lequel règnent le flou probabiliste, l'intrication, l'indétermination, la décohérence, l'absence de réalité sans observateur (selon « Copenhague »), les états multiples et la nature de la mesure, intrigue et fait toujours l'objet de recherches, notamment des épistémologues. La rupture avec le monde macroscopique semble trop incertaine, voire trop brutale : où sont les limites ?

Ce monde ne pouvait pas être accepté tel quel par Einstein, car trop éloigné de sa conception philosophique du réalisme. On pourrait supposer que l'étrangeté à laquelle se heurte cette interprétation masquerait l'existence d'une structure sous-jacente, située en deçà de l'espace et du temps, celui de la relativité. Etait-ce l'idée des variables cachées proposée par le physicien Louis De Broglie, le père des « ondes de matière », et soutenue par Schrödinger et Einstein ? Les travaux de la dernière partie de sa vie semblent montrer qu'il pensait possible d'aller au-delà. Et le nombre de travaux actuels suscités par ces problèmes indique que ces questions restent d'actualité.

CHAPITRE 8

De Darwin à Einstein : Une convergence

À l'évidence, et comme nous venons de le voir, ce sont les travaux de Charles Darwin en biologie, et d'Albert Einstein fondant la cosmologie, qui ont jeté les bases de ces deux sciences devenues fondamentales au cours du XX° siècle. Bien que traitant de sujets scientifiques différents, nous avons tenté de montrer que ces deux théories procèdent d'une même démarche méthodologique démonstrative : l'exploitation d'une idée force.

Il s'agit, en effet, pour Darwin de concevoir un moyen d'introduire l'unité dans la diversité, celle des espèces vivantes, animales et végétales, et des fossiles. Il doit donc trouver un fil conducteur dans la multiplicité et l'hétérogénéité du monde vivant. Après de longues observations et des études détaillées de cas spécifiques, Darwin va partir d'une observation inspirée du transformisme de Lamarck, la filiation, qu'il va étendre à l'ensemble des espèces vivantes. Il parviendra à sa démonstration en utilisant la sélection naturelle appliquée à la variabilité des espèces et diffusée par l'hérédité, jointe aux contraintes du milieu.

À la fin du XIX° siècle, on a vu que la physique se trouve dans une impasse avec un éther qui résiste à toute mise en évidence depuis plus de deux cents ans, avec une expérience de Michelson curieusement interprétable par Fitzgerald et sa contraction des longueurs, avec un dédoublement du temps de Lorentz-Poincaré, etc. Difficultés qui conduisent à suppose l'existence d'incohérences dans cette physique. C'est dans ce contexte que va intervenir Einstein qui, en faisant table rase des absolus et en reconsidérant les bases de la mécanique et de l'électromagnétisme, va rétablir l'ordre avec, ici aussi, une idée-force simple : la constance absolue de la vitesse de la lumière.

Des analogies conceptuelles

La biologie et la relativité présentent des analogies conceptuelles en ce sens que ce sont des sciences à la fois unifiantes, simplificatrices et rationalisantes. Tout d'abord, les lois de la physique et de la chimie sont le*s seules* à être utilisées. Elles sont unifiantes, car le processus vital devient une question de chimie, certes complexe, au sein d'un monde matériel unifié : le vivant et l'inerte se réduisent aux mêmes constituants atomiques qui sont les éléments de base constituant la nature. Et tous sont soumis aux mêmes hypothèses à minima, aux mêmes principes et aux mêmes lois, celles de la physico-chimie. Simplificatrices puisqu'il n'y a plus de créations mythiques, de téléologisme ni d'interventions « d'agents obscurs » douteux tels l'animisme l'anthropomorphisme, l'abiogenèse, le vitalisme ou l'élan vital, ni d'éther à la composition douteuse et de temps aux propriétés mal définies. Quelques grands principes suffisent pour en assurer les bases. Rationalisantes en tant qu'introduction d'une logique structurant la diversité au moyen d'un concept nouveau. Avec Darwin, ce fil directeur est l'existence d'un ancêtre commun à origine de la filiation de l'ensemble des espèces vivantes et des fossiles. À partir d'une constante absolue, la vitesse de la lumière dans le vide, Einstein établit le relativisme qui intègre et généralise la mécanique newtonienne et l'électromagnétisme maxwellien dans une théorie commune. Avec des hypothèses simples, Einstein parvient donc à unifier et rationaliser deux domaines clés de la physique.

Des analogies de méthode

Dans les deux cas, on observe l'utilisation d'un même schéma opératoire : la démonstration par le raisonnement logique, l'analogie et l'observation de l'idée centrale supportant la théorie. Si la méthode n'est pas nouvelle, c'est la façon de l'utiliser qui l'est. Les conditions du raisonnement sont clairement précisées et les ambiguïtés des discours antérieurs ont disparu. Il n'y a plus d'hypothèse *ad hoc* telles le fixisme lamarckien, le catastrophisme de Cuvier, le finalisme ou l'anthropocentrisme théistes, ou, chez Einstein, l'abandon des absolus newtoniens de temps et d'espace, des bizarreries maxwelliennes de l'éther ou le double temps lorentzien. Le cadre est précisé, les hypothèses de départ sont bien définies et réduites au minimum tandis que le discours démonstratif se déroule suivant un schéma logique clairement exposé. Dans chaque cas, la méthode se fonde sur le rassemblement et la recherche de l'unification des données de départ, le vivant chez Darwin, la dynamique de la matière, celle de l'Univers et son relativisme chez Einstein.

On aurait pu s'attendre à une acceptation rapide de la part des milieux scientifiques. Ce ne fut pas le cas, les résistances idéologiques restant très fortes. Résistances d'ailleurs inhérentes à l'esprit humain qui n'apprécie guère les grandes remises en cause troublant des habitudes intellectuelles trop bien ancrées. Il s'agit pourtant d'un remarquable succès de la rationalité scientifique légitimant l'unité de la connaissance et l'efficacité logique de la méthode démonstrative.

Outre la valeur scientifique des résultats acquis par Darwin et Einstein, leur succès démontre la généralité d'une méthode scientifique en train d'accéder à la généralisation. Ce que démontrera largement le XX° siècle. Elle repose sur l'unité synthétique du monde matériel et sur la logique structurelle qui le fonde. Il s'agit, en quelque sorte, d'un transfert de la procédure logico-déductive de la mathématique à d'autres sciences[32]. Ces propriétés vont permettre le renouvellement et l'ouverture de champs nouveaux comme le montreront les considérables développements de la biologie et des sciences de l'Univers. Mais également, par exemple, le numérique avec l'informatique. Et, conséquence la plus imprévue et peut-être la plus importante, ces découvertes vont changer fondamentalement le statut ontologique de l'homme par rapport à l'Univers. Où, plus exactement, par rapport au milieu dans lequel il vit. Et dont il est issu !

Des analogies fonctionnelles

La biologie et la cosmologie obéissent au principe général d'économie (rasoir d'Occam) au sens ou elles sont fondées sur un nombre minimum de postulats. Il se trouve que trois[33] suffisent pour chacune d'elles. Ce sont des conditions de contraintes fonctionnelles qui, chez Darwin, sont les mécanismes de sélection, de diversification et de transmission des espèces. Chez Einstein, il s'agit de contraintes topologiques imposées au cadre géométrique

---

[32] Il existe différentes tentatives de modélisations mathématiques du vivant, de simulations markoviennes et d'études stochastiques d'évolution d'écosystèmes. Ils restent de portée limitée et généralement appliqués à la génétique des populations (théorème fondamental de Fisher de la sélection naturelle ; M. Kimura et la théorie neutre de l'évolution moléculaire). Signalons, pour mémoire, la simulation de l'autoreproductibilité par des automates (exemple : *le jeu de la vie* de J. H. Conway-1970).

[33] *Darwin* : sélection naturelle ; avantage sélectif ; principe d'hérédité. *Einstein* : principe de relativité des lois physiques ; constance de la vitesse de la lumière ; principe d'équivalence.

spatio-temporel (courbure due au principe d'équivalence). Elles sont nécessaires pour permettre l'établissement des équations qui en déterminent les propriétés.

Bien que le fil du raisonnement démonstratif soit spécifique pour chacune de ces deux théories, le principe utilisé procède d'une même nature. Pour Darwin, il y a un nombre imposant de faits à coordonner : les multiples manifestations du vivant et les séries fossiles répertoriées. Il va collecter un ensemble minutieux d'observations aussi bien analogiques que morphologiques et fonctionnelles, ou géographiques, écologiques et environnementales, caractérisant les différentes espèces et les fossiles. La difficulté, mais également le génie de Darwin, va être de comprendre, à partir de ces observations, quels sont les facteurs qui les rapprochent tout en interprétant les attributs les différenciant. Outre la morphologie, l'idée clé est l'adaptation fonctionnelle des constituants, ceux qu'exigent la coordination avec les multiples conditions nécessaires à la vie dans un milieu naturel généralement indifférent, sinon hostile. Ces contraintes imposées par la survie imposent que le développement temporel des différentes espèces s'effectue en s'affranchissant des inévitables scories de l'évolution. Il ne s'agit pas d'élimination, mais de disparition faute de reproduction. En d'autres termes, le principe unificateur fondant le raisonnement de Darwin est l'adaptation évolutive dont, en quelque sorte, il codifie les mécanismes et leurs conséquences imposées par le milieu lequel fournit les éléments nécessaires à la survie.

Le même principe va se manifester, chez Einstein, sous la forme de l'évolution entropique de l'Univers. En effet, d'une part la relativité générale, confirmée par les observations, démontre que celui-ci est un objet physique à part entière, donc qu'il est gouverné par les lois générales de cette discipline, lois connues. D'autre part, nous avons vu que la découverte fondamentale de Hubble démontrait l'expansion de l'Univers, donc qu'il devrait avoir une origine. Comme pour la vie avec Darwin. Son évolution doit, là aussi, faire l'objet d'une série de transformations thermodynamiques qui ont amené l'Univers à son état présent. Bien que différentes, les contraintes remplissent des fonctions équivalentes, en particulier celles concernant l'énergie, facteur moteur de l'évolution. Celle-ci est gouvernée par la compétition entre, d'une part, une énergie dynamique expansive propre au système Univers, d'autre part, une gravité globale potentielle d'origine massique qui s'y oppose en permanence. On en ignore encore tous les attributs, dont ceux dépendant de la mystérieuse matière noire et d'une possible énergie quantique du vide. Ces échanges sont contraints par les lois de la thermodynamique.

La plausibilité d'existence d'autres Univers, les multivers, introduit également l'idée d'un processus de sélection, notamment pour ce qui concerne le notre et la vie. En effet, rien n'interdit de penser qu'il pourrait être le résultat d'un processus aléatoire de sélection de type darwinien parmi l'éventualité d'une collection de multivers aussi divers que variés. Pourquoi ? Parce que chacun d'eux ayant des propriétés spécifiques, l'un d'entre eux, le notre, aurait possédé des caractéristiques propres (les constantes fondamentales) présentant une résonnance avec les exigences fonctionnelles d'émergence de la vie telle que nous la connaissons. Le même processus n'ayant aucune raison d'être spécifique, rien n'interdit de supposer une possible existence d'autres formes de vie probablement différentes dans d'autres multivers. C'est, là encore, la fonctionnalité du hasard qui est déterminante. Et l'on pourrait retrouver Darwin !

Des analogies de structure

La biologie et la cosmologie possèdent chacune une unité structurale de base : la cellule pour l'une, l'étoile pour l'autre. C'est à partir de ces deux éléments pivots que vont se construire ces deux théories. L'évolution d'un assemblage de cellules peut, ou non, dépendre de l'évolution propre de la cellule. Et réciproquement. Il en va de même pour ce qui concerne l'étoile : l'évolution du système solaire est tout à fait dépendante de celle du Soleil. C'est autour de ces deux pôles que s'organise l'histoire de ces deux sciences.

En biologie, la cellule est le véritable quantum de vie. Tous les organismes vivants connus, du plus infime (la bactérie) au plus gigantesque (la baleine bleue), sont constitués de cellules spécifiques, en assemblages plus ou moins complexes. Pourtant, en dépit de leur grande diversité, elles ont une unité de configuration commune et peuvent être classées en deux grands corps : les procaryotes (sans noyau) et les eucaryotes (avec noyau) qui correspondent à deux grandes phases de l'évolution. Quant à leur structure, toutes les cellules ont en commun deux propriétés essentielles. D'une part, toutes possèdent un même complexe macromoléculaire (les acides nucléiques) support de l'information génétique caractéristique de l'espèce, mais dont la constitution de base et le codage sont universels. D'autre part, toutes ont leur propre source d'énergie qui est soit photosynthétique, soit chimique. Leur fonction principale est la production de protéines à partir des matériaux de base que constituent vingt acides aminés. Elles vont servir à la composition matérielle des divers organes constituant l'ensemble de tout organisme vivant. Une propriété essentielle des cellules est leur capacité d'échanges de matière et d'énergie avec leur environnement, d'où la nécessité d'une adaptation fonctionnelle. C'est une propriété caractéristique de la vie.

Semblablement, les étoiles présentent une grande diversité de constitution, mais un même principe de fonctionnement, l'énergie nucléaire de fusion. Elles sont caractérisées par leur masse, leur composition chimique, leur couleur qui dépend de leur température de surface et permet de les classer et leur magnitude qui mesure leur luminosité indiquant leur évolution. Toutes sont productrices énergie et se transforment par un même processus, la réaction de fusion thermonucléaire. Les premières générations stellaires utilisèrent comme combustible de base les protons, ou noyaux d'hydrogène, issus du big bang [34] . Dans les générations suivantes, certains éléments réactifs résultent des fusions primaires. Dans leur diversité, essentiellement constituée par leur masse, les étoiles sont les sources de tous les éléments chimiques de l'Univers autres que l'hydrogène et l'hélium. Donc de ceux qui sont nécessaires à la vie. Comme les cellules vivantes, bien qu'à des échelles temporelles sans commune mesure, les étoiles naissent et meurent quand elles ont épuisé tout leur combustible. Notons qu'interviennent au même titre les planètes qui sont des étoiles avortées.

Les étoiles, comme les cellules, sont, chacune à son échelle, des constituants de base universels de toutes les structures vivantes et cosmiques connues. Il apparaît donc qu'un même processus structurant, celui des assemblages stéréométriques, est à l'œuvre dans l'évolution générale de la matière à toutes les échelles et pour toutes ses formes. Quelle que soit la structure considérée, les agencements de base sont les mêmes : des compositions spatiales plus pou moins complexes de cellules dans les organismes vivants, d'étoiles et de planètes dans les systèmes planétaires, les amas locaux et les galaxies. Les forces de liaison sont celles qui

[34] La matière produite lors du big bang est constituée pour les ¾ de protons, le reste étant des noyaux d'hélium et des traces d'éléments légers.

structurent la matière, l'électromagnétisme pour les premières, la gravité pour les secondes.

Les cellules et les étoiles sont productrices de matière : des biomolécules protéinaires pour la cellule, un spectre d'éléments chimiques pour l'étoile. Elles interagissent avec leur environnement. C'est particulièrement vrai pour la cellule dont la survie dépend de ces échanges. Et c'est la vie qui a été le principal facteur de transformation de la planète. Les premières étoiles ont transformé les protons primitifs en éléments chimiques légers, puis des générations stellaires successives conduisirent à la production de tous les éléments chimiques connus. Dont ceux nécessaires à la vie. Les réactions de fusion s'arrêtant au fer, les éléments plus lourds proviennent d'explosions d'étoiles en fin de vie : les supernovae. L'évolution dynamique d'une étoile dépend de sa masse. Trop faible, la gravité ne parviendra pas à amorcer les réactions de fusion nucléaire. Elle deviendra une planète. Trop élevée, elle s'éteindra en trou noir, véritable monstre cosmique capable d'avaler tout son environnement matériel.

Discussion

La théorie de l'évolution de Darwin et la relativité d'Einstein appliquée à la cosmologie ont en commun la propriété remarquable d'être à la fois unificatrices et extensives tant en ce qui concerne la connaissance du vivant que celle de l'Univers. À l'évidence, Darwin, comme Einstein, ont eu des prédécesseurs d'une haute valeur scientifique. Par exemple, en histoire naturelle, G. L. Buffon, C. von Linné, J. B. Lamarck, etc. et en physique M. Faraday, J. C. Maxwell, H. A. Lorentz, H. Poincaré, etc. dont les travaux respectifs ont marqué l'histoire des sciences de leur époque. Pourtant, différence capitale, tous sont restés dans leur référentiel intellectuel traditionnel. Aucun d'eux n'a franchi le pas décisif pour en sortir alors que, par exemple, Lamarck en aurait eu la possibilité avec le transformisme. Et il en va de même pour Lorentz ou Poincaré qui avaient tous les éléments conduisant à la théorie de la relativité restreinte. On doit cependant remarquer que l'esprit du temps avec ses intolérances, et les problèmes des sociétés contemporaines ne s'y prêtaient guère. Quoi qu'il en soit, aucun de ces illustres prédécesseurs ne fut à l'origine d'une *science* authentiquement nouvelle.

Une caractéristique de ces deux théories concerne le rôle essentiel que jouent le hasard et la contingence dans les exposés de leurs mécanismes. C'est tout à fait nouveau, aussi bien dans l'histoire du vivant que dans celle d'un monde supposé jusque-là stationnaire dans une permanence indéfinie. On en a vu les effets et leurs conséquences dans les processus mutationnels à l'origine de la variabilité darwinienne et des facteurs sélectifs associés. Ils sont plus subtils en cosmologie, notamment dans les processus radioactifs et dans les phénomènes de générations stellaires. En l'état actuel du modèle standard de l'Univers, le hasard et la contingence sont déterminants dans le processus d'initiation du big bang et dans les mécanismes complexes ayant abouti à la création de la matière primitive, celle « des trois premières minutes de l'Univers ». On en retrouve également les effets dans les fluctuations du fond cosmique micro-onde diffus qui sont corrélées aux grandes distributions de matière galactique telles qu'observées. Et vraisemblablement à différents niveaux de la dynamique cosmologique dont on ne connaît pas tous les mécanismes (énergie et matière noires). Et, dans tous les cas, un rôle déterminant est joué par le hasard dans les conditions initiales, qu'il s'agisse de celles de la vie, comme de celles de l'Univers ainsi que dans les aléas de leur évolution.

Chacune de ces deux théories possède également un régulateur, facteur correctif de l'évolution. Il s'agit de la sélection naturelle chez Darwin et de l'interaction gravitationnelle chez Einstein. En biologie, c'est la justification des différentes phases des transformations évolutives, des grandes divisions observées dans le monde vivant, de la spéciation, compte tenu des spécificités et des circonstances physico-chimiques environnementales. Par exemple, c'est le cas avec l'action sélective de l'orogenèse et du volcanisme sur le vivant local, parfois global lors des grandes extinctions (disparition des dinosaures) et le surgissement d'espèces nouvelles. Par exemple, l'action des trous noirs sur l'évolution des noyaux galactiques et sur leur dynamique, sur la condensation des grands nuages interstellaires, sur les pouponnières d'étoiles. C'est tout autant le cas lors d'explosions de supernovae créatrices des éléments lourds sans lesquels la vie aurait été impossible sur la planète. Remarquons que l'aléatoire peut également corréler le gravitationnel et le vivant, par exemple dans l'action des marées sur la vie marine.

À un demi-siècle de distance, et dans un même esprit, Darwin et Einstein ont indiscutablement marqué un tournant dans la pratique de la méthodologie scientifique. La biologie et la cosmologie sont authentiquement des théories scientifiques en ce sens que chacune d'elles constitue un modèle permettant l'interprétation et la compréhension rationnelle d'un ensemble de données spécifiques appartenant à la Nature. L'une comme l'autre sont fondées sur un canevas conceptuel parfaitement défini respectant l'hypothèse du rasoir d'Occam, à l'exclusion de tout argument de nature subjective et de tout artifice spéculatif. Elles n'ont recours qu'à des lois rationnelles parfaitement établies. Elles conduisent à des faits et conclusions vérifiables et sont prédictives et, jusqu'ici, elles ont permis l'intégration des données nouvellement acquises. Les deux sont largement confirmées par l'observation et l'expérience et n'ont encore pas été contredites de façon irréversible. Et, point fondamental, elles sont réfutables au sens de Popper contrairement à différentes spéculations concurrentes qui ne le sont pas.

En cherchant à ordonner un important ensemble de données concernant les espèces vivantes et fossiles, Darwin est parvenu à reconstituer une histoire logique, étayée et structurée de l'évolution de la vie et de sa convergence vers le Sapiens sapiens. La question de l'apparition de LUCA (*Last Universal Common Ancestor* –Dernier Ancêtre Commun) ou, plus précisément, de l'origine du processus biologique primitif, fait l'objet de différentes hypothèses et spéculations ne permettant actuellement pas d'en tirer de conclusion définitive. Cependant l'intégration de la vie dans le champ de la connaissance rationnelle constitue un progrès intellectuel si considérable, mais si perturbateur que, après près de deux siècles, cette découverte reste contestée, ou ignorée par une large part de l'humanité, mais qui n'a pas accès à la culture scientifique.

Il demeure également une question difficile : une définition *rationnelle*[35] de la vie ne semble pas obtenir l'accord de tous les biologistes.

C'est également le cas avec la cosmologie. La relativité générale a permis la découverte de l'expansion de l'Univers, donc celle d'une origine ayant induit l'hypothèse du big bang. Compte tenu d'un grand nombre d'observations et d'expérimentations, il a été possible d'en reconstituer l'histoire. Elle n'est certainement pas définitive, mais, se déroulant dans le cadre relativise einsteinien, elle est cohérente, partiellement vérifiable et extensible en fonction des découvertes à venir. Comme pour l'histoire de la vie, il s'agit, là aussi, d'un progrès exceptionnel dans l'histoire de la pensée rationnelle et de la connaissance marquant un progrès décisif avec l'élimination de toute idée de

---

[35] Opération probablement indécidable pour des questions d'autoréférence. *« Je ne sais pas définir la vie, mais dès que je la rencontre je la reconnais »*

créationnisme, de finalisme ou téléologisme, et de tout subjectivisme. Cependant les causes de l'origine, celles du big bang, demeurent conjecturales et risquent de le rester, les lois de la physique telles que nous les connaissons perdant tout sens opératoire dans de telles conditions. Ce qui n'interdit pas le recours à l'hypothèse tandis que, peut-être, seront découvertes d'autres voies d'approches dans des temps à venir. Et il en va de même pour l'origine de la vie.

Conclusion

Depuis la fin du XIX° siècle les progrès de la biologie ont été exceptionnels, ne faisant que confirmer et compléter la théorie darwinienne de l'évolution des espèces. Les grandes découvertes vont se succéder : le modèle cellulaire, De Vries et la découverte des mutations qui furent un tournant dans le darwinisme, la génétique et les lois de l'hérédité, la microbiologie avec Pasteur, etc. Elles vont s'intégrer dans la logique de la théorie d'évolution et ne faire que la renforcer. Avec l'apport des progrès de la chimie, c'est tout un ensemble qui va donner corps à cette nouvelle science fondamentale qu'est devenue la biologie.

On a vu que dans les débuts du siècle suivant, un processus de nature équivalente s'est déroulé en physique, et les travaux d'Einstein ne concernant pas directement la relativité n'y furent pas étrangers. Après la publication de la relativité générale et la découverte de l'expansion de l'Univers due à l'arrivée des grands télescopes, la cosmologie naissante connu une véritable expansion. La physique nucléaire y contribua largement, notamment dans les processus de fonctionnement des étoiles et la production des différentes espèces nucléaires. Au cours du XX° siècle va se construire une véritable science de l'Univers

Dans une période plus récente, la physique spatiale, celle des satellites et sondes, a constitué un outil cosmologique majeur. C'est un moyen de pénétration et d'exploration de ce milieu qui se révèle beaucoup plus complexe et plus riche que ne le laissait supposer sa seule observation terrestre. Et c'est également une source d'applications technologiques d'une très grande richesse, tant dans l'observation terrestre et les télécommunications que dans ses applications. Elles sont aussi source d'utilisations utilitaires, par exemple avec le GPS (Global Positioning System) ou les horloges atomiques et la définition d'un temps universel, opérations qui nécessitent l'utilisation de la théorie de la relativité.

Le rapprochement des travaux de Darwin et Einstein est une illustration de la puissance d'une méthodologie scientifique rationalisante *rigoureuse* arrivée à maturité. Certes, il en existe d'autres mais, par exemple, une telle comparaison ne serait pas significative avec la troisième grande révolution que fut la physique quantique. Entre autres obstacles, la nature duale de la lumière et le principe d'indétermination ne permettraient pas de telles analogies.

Le pouvoir génératif de la biologie et de la cosmologie est l'une de leurs propriétés communes essentielles. Actuellement, peu de domaines de la vie moderne sont vierges de toute connexion, proche ou lointaine, avec les conséquences de l'une ou l'autre de ces deux sciences majeures. Quand ce n'est pas des deux. Elles sont, l'une et l'autre, sources d'un nombre considérable d'idées et d'applications nouvelles. C'est en ce sens que Darwin et Einstein, qui ont véritablement ouvert de nouveaux horizons à la pensée humaine, sont deux authentiques aventuriers du savoir. D'autant qu'il est très vraisemblable que les développements spatiaux de demain conduiront à certaines convergences dont on ne sait guère ce qu'elles pourraient recéler.

Chapitre 9

Le modèle darwinien d'évolution

Bien qu'il n'existe pas de rapport évident entre la biologie et la cosmologie, les analogies observées dans le chapitre précédent conduisent à la question suivante : ces convergences seraient-elles fortuites ? Pour en discuter, il faut revenir au problème posé à Darwin : unifier en une seule famille la multiplicité des différentes espèces qui, selon la Genèse, seraient de création divine indépendamment les unes des autres. Une telle transition entre le dynamisme logique du darwinisme et le fixisme irrationnel de la Genèse va être obtenue par l'introduction d'une loi d'ordre. En fonction des conditions d'application de cette loi, définies par Darwin, la sélection imposée se traduit par un puissant effet réducteur qui affecte la diversité du vivant et aboutit à son unification. Celle des différentes espèces.

Qu'en est-il de la spécifié d'un tel processus ? La discussion qui suit montre que son caractère unificateur et rationalisant présente l'intérêt d'être extensif.

Les principes de base du raisonnement darwinien

L'ouvrage de Charles Darwin intitulé *De l'origine des espèces au moyen de la sélection naturelle, ou la Préservation des races favorisées dans la lutte pour la vie* (6° et dernière Edition- 1872) est considéré comme le texte fondateur de la théorie biologique de l'évolution. C'est dans cet ouvrage que l'auteur montre – prouve – que l'ancêtre commun LUCA, déjà cité, est à l'origine de l'ensemble des espèces vivantes.

On observe que, dans cet ouvrage de référence comportant plus de six cents pages, l'exposé des bases de la méthode darwinienne n'en compte que moins d'une dizaine, le reste étant consacré aux démonstrations par des analyses et des exposés de cas.

La méthode opératoire de Darwin consiste à observer une série de cas particuliers d'espèces voisines lui permettant d'établir des relations de correspondance déduites de comparaisons entre ses différents constituants. Après examen d'un grand nombre de cas spécifiques considérés dans leur contexte environnemental, Darwin parvient à une généralisation de ses observations. Pour établir l'existence d'une source commune, il va corréler « filiation » et « variabilité » par le jeu d'une succession de transformations concaténant l'action d'un hasard diversifiant (les mutations) aux contraintes filtrantes imposées par un processus de tri (la sélection naturelle) ayant pour critère l'adaptation aux nécessités environnementales.

En d'autres termes, le développement diversifiant provient du hasard reproductif créant la variabilité du vivant tandis que la sélection naturelle favorise la multiplication des reproducteurs possesseurs d'avantages sélectifs de diffusion et de survie. C'est ce que Darwin sous-entend par *la Préservation des races favorisées dans la lutte pour la vie,* compétition de nature *sexuelle* entre ces reproducteurs favorisés qui sont les plus prolifiques, tandis que les éléments défavorisés s'éliminent d'eux-mêmes faute de descendance. D'où la *préservation des races favorisées* titrant l'ouvrage. La transmission héréditaire assure la pérennité des avantages acquis et complète les mécanismes de base de la théorie darwinienne.

Dans l'exposé de sa méthode, Darwin évite d'utiliser le terme « évolution », lui préférant celui de « variabilité ». Il s'agit vraisemblablement d'éviter toute confusion entre « évolution » et « progrès », concept qui n'existe pas dans son discours. Pourtant certains détracteurs n'ont pas manqué d'y mêler la querelle de la complexification croissante avec un détournement d'interprétation tel, par exemple, celui de l'évolutionnisme anthropologique.

La sélection naturelle : une loi d'ordre

La démonstration utilisée par Darwin est-elle extensive ? À l'évidence certaines conditions doivent être remplies, les premières étant que les concepts de filiation et de variabilité aient un sens. Ainsi que celui de source commune.

Si c'est le cas, la suite dépend de la nature du filtrage agissant sur la variabilité, car la démonstration darwinienne repose sur le pôle central que constitue la sélection naturelle. C'est elle qui assure le succès du chaînage en tant que critère de choix en éliminant les éléments les moins adaptés. Une variabilité non contrôlée ne pourrait que conduire à la *divergence buissonnante* des espèces. Et une telle prolifération anarchique ne pourrait que finir dans le chaos. Autrement dit, si aucun processus d'élimination n'avait été imposé au développement multiforme de la vie, la prolifération anarchique de ses multiples manifestations aurait rapidement provoqué son extinction par étouffement. La sélection naturelle est donc une *loi d'ordre* régulant tant le développement des différences inter-espèces que celui des équilibres intra-espèces.

Les deux autres conditions de la théorie : les avantages acquis et l'hérédité, sont des facteurs spécifiques favorisant le chaînage en tant que liés au contexte. Leur fonction principale est d'assurer la pérennité du processus.

En résumé, le cœur du schéma de principe de la méthode darwinienne comporte l'existence d'un processus génératif évolutif soumis à une contrainte sélective constituant une relation d'ordre. À partir de là, il est possible d'envisager l'existence d'une source primaire commune.

Pourquoi une telle spécification ?

Parce qu'elle conduit à la question suivante : cette *spécification darwinienne de l'évolution de la matière biologique (celle du vivant)* serait-elle, sous certaines conditions, généralisable à l'ensemble de la matière ? En d'autres termes, existerait-il l'équivalent d'une loi d'ordre de la matière, quelle soit sous la forme organique ou sous la forme minérale ?

Pour le cas de la matière minérale, la réponse est positive si l'on se place au niveau le plus général, celui du modèle standard de l'Univers qui, nous l'avons vu, repose sur la relativité générale einsteinienne. Un chaînage existe effectivement puisque, selon ce modèle, dans sa variabilité toute la matière-énergie actuelle serait issue du big bang par une longue série de transformations aujourd'hui parfaitement connues. Celles que décrit l'ouvrage intitulé *« Les trois premières minutes de l'Univers*[36] ». La variabilité initiale provient de la série de filiations que subit la matière-énergie originelle, celle du big bang, par passage de l'état plasmique primordial à l'état nucléaire et atomique final. La loi d'ordre est ici assurée par les lois de la physique, unitaires à l'origine. Dans une phase évolutive ultérieure, c'est la gravité qui gouverne la création et l'évolution stellaire et planétaire. C'est également à la gravité qu'est attribuée l'organisation évolutive des différentes structures cosmiques, depuis les systèmes planétaires les plus simples jusqu'aux super amas les plus complexes. Le hasard est présent à tous les niveaux, particulièrement dans les processus radioactifs comme dans les conditions initiales des différentes transformations stellaires.

---

[36] Titre d'un ouvrage célèbre du théoricien S. Weinberg décrivant l'origine de l'Univers.

L'Univers einsteinien obéit donc à un processus d'évolution de type darwinien qui est de nature néguentropique, comme nous allons le voir. Ce sont ces processus analogiques transformationnels qui sont à l'origine des convergences observées entre les travaux de Darwin et ceux d'Einstein, aux questions d'échelle spatio-temporelle près. Ce rapprochement n'a d'ailleurs rien d'exceptionnel puisque, finalement, dans l'un et l'autre cas il s'agit des transformations d'une même matière qui existe sous différents aspects aux propriétés dissemblables.

La néguentropie

Dans son ouvrage *Qu'est-ce que la vie*, Schrödinger a mis en évidence la possibilité d'existence de processus physiques à entropie négative pour adapter la thermodynamique aux processus de la vie. Il s'agit, là aussi, d'un facteur d'ordre caractéristique des êtres vivants. En opposition au deuxième principe de la thermodynamique imposant la croissance temporelle du désordre entropique, les êtres vivants évoluent à organisation constante ou croissante.

Pourquoi ?

Le processus vital fonctionnel de la cellule dépend de l'état de son organisation et de sa structure interne qui sont indispensables à son activité et à sa reproduction. C'est son métabolisme. Pour se maintenir en vie, la cellule a besoin d'énergie qui est échangée avec le milieu extérieur changeant auquel elle doit s'adapter en permanence. Il s'agit donc d'un système thermodynamique *ouvert,* cas contraire au deuxième principe de la thermodynamique qui ne s'applique qu'aux systèmes physiques *fermés* c'est-à-dire n'échangeant rien avec l'extérieur. Pour les systèmes ouverts, on parle d'entropie négative.

Le physicien et mathématicien L. Brillouin a proposé, dans son ouvrage *Science et théorie de l'information* (1959), d'appeler néguentropie ce facteur d'ordre d'entropie négative. Une théorie plus générale est due à Shannon, l'un des pères de la théorie de l'information. Il y a un rapport étroit entre cette théorie et la vie[37] concernant la justification de son étrange stabilité. Plus exactement de sa « durabilité », la vie étant une forme de « matérialisation de la néguentropie ». C'est donc un facteur caractérisant ses capacités d'autostructuration en opposition au désordre entropique général. Dans l'Univers, il existe de nombreux systèmes hors d'équilibre auto organisés qui naissent et meurent en permanence.

Le modèle évolutif darwinien et l'Univers

Intéressons-nous à la question suivante : le principe du modèle évolutif darwinien pourrait-il être adaptable au modèle standard de l'Univers, modèle fondé sur la relativité générale ? Pour répondre, il nous faut revenir rapidement sur ce modèle.

La condition de filiation des différents composés cosmiques de base est, comme on l'a vu, remplie. Leurs transformations et enchaînements évolutifs successifs se déroulent dans le cadre einsteinien bien défini de l'espace-temps quadridimensionnel. Le facteur inhérent au contexte qui remplit, ici, la fonction d'ordre de la sélection naturelle est la gravité dont l'interaction massique détermine l'organisation et l'évolution de l'ensemble du système physique Univers. D'une part, étant une interaction à longue portée, à travers les déformations de l'espace-temps la gravité en détermine la structuration au cours de son expansion. D'autre part, dès qu'une masse critique d'accrétions est atteinte c'est la compression gravitationnelle

[37] Ce sont les échanges sélectifs équivalents à de l'information entre la cellule et son environnement qui permettent le maintien de son organisation. C'est ainsi que la vie et l'information sont étroitement liées

qui déclenche les réactions de fusion thermonucléaires faisant briller les étoiles tout en produisant de nouvelles espèces nucléaires. C'est également elle qui détermine le devenir des étoiles en fin de vie, en particulier la formation des trous noirs.

À partir de ces données, les analogies sont mises en évidence par la synthétisation comparative de ces deux modèles.

L'architecture épistémologique de la méthode darwinienne peut être schématisée par l'existence de trois grandes phases évolutives caractéristiques du phénomène vital terrestre. D'abord une vaste période prébiotique durant laquelle s'accumulent et se mettent en place les éléments physico-chimiques qui vont conduire à l'émergence du processus vital, - les acides nucléiques. Ensuite, une fois apparue dans les océans sous la forme bactérienne, la vie va connaître une extrêmement longue séquence de développements au cours desquels elle va se diversifier, se complexifier et transformer ce même milieu. Enfin, après avoir suffisamment évolué et saturé le milieu liquide, le phénomène vivant va s'en extraire et, dans une troisième phase, envahir le milieu terrestre où il va connaître un développement buissonnant. Les différentes périodes de cette évolution de la vie terrestre sont actuellement décrites par le néodarwinisme et par les disciplines associées qui permettent aux scientifiques de reconstituer une trame plausible de l'histoire de la vie terrestre et de certains de ses avatars. Il subsiste de nombreuses obscurités, des incertitudes et des énigmes, mais l'ensemble de ces travaux constitue un système cohérent et surtout modulable et perfectible.

D'une façon semblable, on retrouve sensiblement trois phases dans les développements de l'Univers. La première période, extrêmement brève, va du big bang à une intense création de noyaux d'hydrogène, les protons, et d'hélium, baignant dans un gaz turbulent de photons et de neutrinos et de quelques autres corpuscules. C'est l'ère postplanckienne d'acquisition des composants de base du monde physique. La deuxième correspond à une période de refroidissement, de formation et d'accumulation d'immenses nuages gazeux animés d'une dynamique complexe, car plongés dans un milieu rayonnant énergétiquement extrêmement actif donc source d'instabilités, de turbulences et de puissantes condensations gazeuses. Ces cascades énergétiques tourbillonnaires à haut potentiel réactif créent des discontinuités et des zones et pôles d'accrétions massiques. La troisième phase va correspondre au déclenchement des réactions de fusion thermonucléaire dès que certains de ces pôles d'accrétion vont atteindre la masse critique thermonucléaire de compression gravitationnelle. Ainsi vont naître les premières générations d'étoiles qui vont se transformer et disparaître en produisant des éléments nouveaux tandis que vont se succéder de nouvelles générations stellaires dont les transformations vont constituer le mode principal de peuplement de l'Univers au sein d'un intense rayonnement. La relativité et les lois de la cosmophysique, - la cosmologie -, permettent ici aussi d'écrire la trame d'une histoire cohérente et plausible de l'Univers dans laquelle le divin et le sacré n'ont plus aucune place. Certes, ici aussi le champ des incertitudes, des inconnues et des zones d'ombre est immense, - peut-être même sans fin ! - mais l'intérêt de cette modélisation est, comme dan le cas de la vie, d'être tout autant modulable et perfectible

Dans toute cette hypercomplexe fluidique à la dynamique multiforme, il est remarquable d'observer que c'est la gravité qui explique le comportement de l'ensemble Univers, aussi bien dans sa globalité que dans ses détails, particulièrement les processus d'accrétion, de création et d'évolution des étoiles et des systèmes planétaires. C'est la gravité qui impose un ordre dynamique dans la diversité des multiples distributions massiques s'étendant des systèmes stellaires locaux jusqu'aux amas et superamas[38] constituant l'espace-temps, celui que nous observons. Il s'agit donc de l'équivalent d'un processus de filiation, de diversification et de sélection d'une nature darwinienne. Le hasard intervient tout autant, et en permanence, dans les interactions et les mouvements stochastiques, les turbulences, les chaos et les instabilités multiformes caractérisant les tempêtes fluidiques cosmiques et leurs complexes évolutions interactives.

Précisons quelques données spécifiques. Les réactions de fusion nucléaire initiées par la compression gravitationnelle s'effectuant dans des conditions locales variables, il en résulte une large diversité fonctionnelle des étoiles dépendant de leurs paramètres propres, dont leur luminosité qui permet leur classement [39]. Les étoiles ont une durée de vie déterminée par leur masse, la mort intervenant quand elles ont épuisé leur combustible. C'est également de leur masse que dépend leur devenir après leur extinction : naines blanches ou brunes, étoiles à neutrons et pulsars, trous noirs accumulateurs d'énergie, etc., tous ces éléments peuplant l'Univers. Durant leur période active, elles subissent des transformations complexes induisant différentes générations stellaires successives caractéristiques de leur évolution. Toutes transforment les éléments primordiaux, les protons (noyaux d'hydrogène) et les hélions (noyaux d'hélium), en noyaux d'éléments plus lourds. Mais il faut une classe particulière, les supernovae, pour la formation des éléments les plus lourds sans lesquels la vie n'aurait pas été possible.

---

[38]Comme après l'apparition de la vie et de la cellule, on observe dans l'Univers une diversification des créations de structures de type « Ediacarien expansionniste stellaire » (S.G. Gould).

[39] Diagramme de Hertzsprung-Russell (luminosité de surface ; température de surface). Classement de Harvard (particularités spectrales), gravité de surface, masse.

L’entropie et la gravité

Le modèle standard de la cosmologie considère que, sur des volumes cosmiques, l’Univers est équivalent à un gaz homogène et isotrope en expansion, la relativité générale régissant sa dynamique. Selon le principe de Copernic, il n’existe aucun point privilégié dans l’Univers. Son contenu matériel global (hypernuages gazeux et rayonnements, étoiles et systèmes planétaires, concentrations stellaires, galaxies, amas et superamas de galaxies, trous noirs et toutes les formes d’étoiles en fin de vie, etc.) bien que constitué d’un nombre gigantesque de tels éléments hypermassiques, d’ailleurs en perpétuelles variations, ne représente cependant qu’une « infime poussière cosmique » dans l’immensité de l’ensemble. Mais ce sont ces différentes « poussières » qui, avec les équations d’Einstein impliquant la gravité, déterminent les distributions matérielles générales et locales et leur évolution. Car, on l’a dit, la gravité possède deux propriétés caractéristiques capitales : c’et une interaction à longue portée et elle est attractive.

En tant que gaz dans le modèle standard, le contenu de l’Univers, supposé fermé, est soumis aux lois de la thermodynamique. Donc à celle de l’entropie, fonction thermodynamique d’état caractéristique de son degré de désorganisation. Il s’agit d’un principe général d’évolution qui, comme l’irréversibilité de la flèche du temps, ne peut que *globalement* croître. On a vu que cette entropie peut cependant *localement* décroitre, au détriment de l’ensemble, ce qui est le cas pour la vie. Sans cette potentialité, il n’existerait aucune possibilité organisationnelle structurante dans l’Univers. Les phénomènes chaotiques sont également source de bifurcations, les structures dissipatives étant localement créatrices d’ordre à partir de désordre.

Il existe des incertitudes sur l’état fonctionnel de l’entropie de l’Univers. On sait cependant que puisqu’elle ne peut que croître, à l’origine elle devait être faible et la gravité très intense. Puis elle s'est accrue avec l'expansion de l'espace-temps impliquant le refroidissement. Avec l'établissement de grandes structures cosmiques exigeant de l'énergie, il y eut compensation par émission de rayonnements participant au fond diffus cosmologique. Toutefois l'énorme quantité de photons (et de neutrinos) par rapport aux particules (baryons) ne devrait contribuer que pour une part très modeste à l'entropie générale, leurs propriétés interactionnelles étant très faibles. Ce n'est pas le cas des trous noirs supermassifs présents au cœur des galaxies qui seraient de véritables éponges à entropie, la gravité y étant si colossale que même les photons y sont piégés. Ce sont les principaux contributeurs au désordre de l'Univers et de prodigieuses réserves d'énergie. Selon les spécialistes, l'entropie globale aurait cependant très peu augmenté depuis le big bang.

Si l'entropie est élevée dans les galaxies et leurs trous noirs centraux, c'est bien la conséquence de l'attractivité de la gravité donc de son effet de rassemblement de la matière. Ce qui montre son caractère matériellement discriminant.

On a parlé de l'hypothèse d'une mort thermique d'un Univers en expansion infinie, future glaciation consécutive à l'accroissement indéfini de son entropie. À la limite du temps, toute la matière finirait en rayonnement, l'entropie étant maximale et la densité d'énergie tendant vers zéro. La gravité serait devenue quasi inexistante. C'est une conséquence du deuxième principe de la thermodynamique.

Tout n'est cependant pas clair. Il existe des incertitudes concernant les relations entre la gravité et l'entropie. L'existence de liens étroits entre la relativité générale et la thermodynamique a été démontrée, mais les interprétations et leurs conséquences restent controversées et incertaines. Elles le restent d'autant qu'il conviendrait d'intégrer les questions irrésolues concernant l'étrange matière noire dont l'existence résulterait de données observables de la dynamique galactique. De même pour ce qui concerne l'énergie sombre qui serait responsable de l'expansion de l'Univers. Ces questions restent, jusqu'à présent, des énigmes.

Popper : l'évolutionnisme, une application injustifiée

L'extension à l'Univers du principe de la méthode darwiniste semble cohérente. En revanche, les tentatives d'applications sociologiques qui ont été tentées n'ont conduit qu'à des échecs.

Pourquoi ?

On a dit que dès la parution *De l'Origine des espèces*, quelques sociologues et démographes (H. Spencer ; F. Galton et quelques politiques – annexe I) extrapolant la généralité du principe sélectif darwinien, tentèrent de l'appliquer à la sociologie, aux populations, aux sociétés ainsi qu'à leur développement et à la politique (Marx, Engels). Qualifiées « d'évolutionnistes », on a dit que de telles extensions hasardeuses ne furent guère appréciées de Darwin (*The Descent of man-1871*). Les conditions d'application du modèle darwinien n'étant pas remplies, rien ne justifie ces tentatives d'extension : il n'y a ni d'origine commune, ni de filiation avérée alors que le mode de sélection n'est que subjectif, mal défini, voire pas défini du tout. Et il n'y a pas de loi d'ordre avérée, l'historicité de l'évolution des sociétés est pour le moins contestable.

Il existe cependant un cas intéressant : l'épistémologie évolutionniste dont le philosophe et épistémologue K. Popper (1902-1994), fut l'un des principaux artisans. Ce philosophe est bien connu par ses travaux sur le problème dit « de la démarcation » : comment distinguer ce qui relève de la science de ce qui n'en relève pas. C'est à ce propos qu'il a élaboré son célèbre critère de réfutabilité (falsifiabilité), test permettant de juger de la valeur d'une théorie scientifique[40]. Il est exposé dans son ouvrage *Logique de la découverte scientifique* (1934). Son principe est le suivant : bien qu'il soit impossible de démontrer qu'une théorie scientifique est vraie[41], en revanche il est possible de démontrer qu'elle est fausse puisqu'un seul contre-exemple suffit.

Après avoir tergiversé, Popper reconnaît finalement que la théorie de la sélection naturelle de Darwin possède le statut de « science véritable ». Il s'en inspire alors pour proposer une épistémologie évolutionniste déclarant que le progrès scientifique (les idées) suit un processus évolutif darwinien. La motivation initiale est de dépasser l'opposition entre rationalisme et empirisme.

Dans *La quête inachevée* (1978) Popper associe le progrès à « *une théorie des essais et de l'élimination de l'erreur* », méthode dite actuellement « d'essais et erreurs », permettant de tester les conjectures scientifiques à l'aune de l'expérimentation. Les hypothèses précédant les faits, elles orienteraient les observations et seules seraient conservées celles qui correspondraient effectivement à quelque réalité. Confronter la démarche hypothético-déductivisme à l'inductivisme est plus ou moins assimilable à une forme de sélection darwinienne, mais l'analogie s'arrête là. Bien que Popper tente de justifier son point de vue en déclarant que puisque la science est une activité biologique, elle doit être soumise à une forme spécifique de sélection, une telle affirmation n'est en rien une démonstration. Le monde des idées n'est pas celui de la matière telle que rencontrée en biologie ou dans le cas de l'Univers.

Dans *La Société ouverte et ses ennemis* (1945) Popper argumente cependant contre une extension trop large de sa méthode à l'histoire en critiquant l'historicisme : « *j'entends*

---

[40] Note n°3

[41] Il n'existe aucun moyen d'être assuré que, dans un futur indéterminé, il ne serait pas trouvé un fait nouveau qui la contredirait.

par historicisme une théorie, touchant toutes les sciences sociales, qui fait de la prédiction historique leur principal but, et qui enseigne que ce but peut être atteint si l'on découvre les « rythmes » ou les « motifs, les « lois », ou les « tendances générales » qui sous-tendent les développements historiques. ». Il en conclut que les théories qui se déduisent de l'historicisme conduisent au totalitarisme. Ce que le XX° siècle a largement démontré.

La démarche poppérienne présente l'intérêt de montrer les limites de la méthode : il n'y a pas ici de loi d'ordre. C'est au niveau de ses applications que les données divergent. Par exemple le rôle novateur des mutations et des gènes en biologie n'a pas de correspondance dans le monde de la pensée. La source des idées nouvelles est précisément l'objet de la contestation de la part de ses contradicteurs. Si l'on peut admettre l'existence d'une forme évolutive des idées, par exemple scientifiques, absolument rien ne laisse supposer qu'elles pourraient correspondre à un processus darwinien, pas plus que les hypothèses évolutionnistes des économistes, sociologues et historiens. Faute, encore une fois, de loi d'ordre et de confusion entre évolution et progrès (au sens d'amélioration).

Conclusion

Ainsi que le montre la discussion qui précède, le modèle évolutif darwinien n'est pas étranger à l'interprétation du modèle standard de l'Univers fondé sur la relativité générale. Il permet de rendre compte de façon logique de l'évolution et de la diversité des étapes et des structures observées dans l'Univers comme le fait la théorie de Darwin pour les espèces vivantes.

Cette discussion fait également apparaître l'existence de limites contraignant les possibilités de transformations de la matière, aussi bien dans le cas du vivant que dans celui de l'Univers. Car si l'un et l'autre se transforment en permanence, les acteurs sélectifs de l'un comme de l'autre ne permettent pas le développement de n'importe quelle entité. D'une part, dans la mesure du possible des conditions de survie doivent être sauvegardées, d'autre part la gravité ne peut pas contraindre l'entropie. Bien que le hasard joue un rôle déterminant dans les processus évolutifs, des facteurs contingents régulent cette évolution. On en perçoit directement les effets aussi bien dans l'histoire des développements de la vie que dans celle de l'Univers. Éviter le désordre et le chaos est une condition impérative de pérennité.

Ce rapprochement entre les travaux de Darwin et d'Einstein montre la cohérence de la matière et son unité fonctionnelle, quelle que soit sa forme, minérale ou organique. Il synthétise dans une même structure modélisante deux des questions les plus complexes et les plus fondamentales de la Nature : celle de la Vie et celle de l'Univers. Montrer que l'évolution de la chaîne du vivant allant de l'acide nucléique au Sapiens est structurellement équivalente à celle de l'Univers s'étendant des quarks aux amas galactiques est un résultat exceptionnel dû au génie de Darwin comme à celui d'Einstein qui en font de véritables aventuriers du savoir.

Ces considérations montrent que l'évolution de la matière, sous toutes ses formes, est un phénomène général. Elle est contrainte par des règles qui assurent une certaine permanence et qui, sans imposer d'ordre, limitent le désordre dans ses possibilités de transformations aussi bien dans le monde vivant que dans celui de l'inerte. C'est pourquoi aucune finalité, quelle qu'elle soit, n'y trouve quelque place que ce soit.

Conclusion générale :

Questionner le futur

La science connaît des cycles complexes de développements, comme le montre l'histoire des grandes découvertes. Ainsi constate-t-on que le carrefour des deux derniers siècles fut particulièrement riche. Qu'il s'agisse des mathématiques, de la physique, de la chimie ou des sciences de la Nature, pratiquement tous les grands secteurs de la pensée rationnelle connurent l'effervescence de la nouveauté et de l'originalité.

Bien que toute comparaison ne puisse être exempte de subjectivité, il apparaît cependant que la parution *De l'Origine des espèces* (1859) de Charles Darwin et celle de *La relativité générale* (1916) d'Albert Einstein ont indiscutablement constitué deux étapes majeures de la connaissance scientifique. Faits largement attestés par l'importance de leurs remarquables développements actuels. Et par le nombre de plus en plus élevé de leurs applications techniques et industrielles. Avec l'exploration spatiale, on assiste même à leur conjonction comme on peut le constater, par exemple, avec l'apparition d'une nouvelle science : l'exobiologie ou biologie extraterrestre, qui pourrait devenir une branche majeure des sciences du futur. C'est, on l'a dit, une illustration parmi d'autres de la générativité de leur association.

Mais, outre le fait que chacune d'elles contribue largement à l'accroissement des connaissances tout en suscitant nombre de nouvelles applications, leur objet concerne l'avenir de l'homme à long terme, comme nous allons le voir.

Avec Darwin

Dans tout le texte qui précède, il a été question de l'état des connaissances à l'époque de Darwin. Certes, il ne fut pas le seul fondateur de la biologie, mais c'est à lui qu'est due sa véritable émergence avec sa démonstration de l'*unité* du vivant. Sans cette condition indispensable pour la cohérence, le développement de la biologie moderne aurait été impossible. Quand on observe ce qu'elle représente actuellement dans le domaine des connaissances, comme dans celui de ses utilisations, on reste confondu par son importance dans les sociétés contemporaines. Peu de domaines lui sont devenus étrangers, qu'il s'agisse aussi bien de l'étude des confins de la vie, de la génomique et de l'hérédité ou de la révolution médicale, du génie génétique et des biotechnologies dont les usages industriels ne cessent de se diversifier. En fait, après le siècle précédent qui fut celui de la physique, le XXI° devrait être celui de la biologie associée à l'espace et au numérique.

Mais le fond du problème reste celui de la vie, de son origine, de ses développements et de son avenir. La logique des travaux de Darwin conduit naturellement à la question suivante aussi fondamentale qu'angoissante :

- l'homme est-il le but ultime de l'évolution ?

Question anthropocentrée qui met en jeu tant de facteurs civilisationnels, culturels et émotionnels que toute discussion sur un tel sujet risque rapidement de sortir de la rationalité.

On ne peut cependant ignorer que toute réponse à cette question soulève un problème de fond : avec les nouveaux moyens de l'éducation associés à la gigantesque mémoire numérique collective, la sélection darwinienne appliquée au Sapiens change de registre. De matérielle et environnementale spécifique d'une époque encore très proche, elle est devenue culturelle : il y a accumulation des savoirs et des méthodes de leurs transmissions de sorte que, contrairement au passé, le jeune dispose aujourd'hui de puissants moyens éducationnels dès son jeune âge. L'accès à la connaissance et à de nouvelles méthodes de raisonnement et de travail est accessible au plus grand nombre… à la condition que l'éducation y pourvoie !

Selon ce qui précède, deux questions se posent également :

- *dans quelle mesure l'homme peut-il maîtriser son évolution*[42] *?*
- *quelles sont les conditions et les risques présentés par les développements de la vie artificielle*[43] *?*

Dans le court terme, la création de génomes artificiels simplissimes est plausible et déjà partiellement réalisée. De là à parler de « vie artificielle », il y a une distance telle que toute prévision est illusoire. D'autant qu'il reste de la connaissance fondamentale à acquérir avant de progresser. De nombreux discours ont traité et traiteront de tels sujets favoris de la science-fiction. Discussions qui, souvent, donnent lieu à l'expression de troublants fantasmes n'évitant

---

[42] - F. Dyson, *The Search for Extraterrestrial Technology* », American Mathematical Society, (1996).
-N. Kardashev *On the Inevitability and the Possible Structures of Supercivilizations*, Proceedings of the Symposium, D. Reidel Publi. Co., (1985).
- F. J. Dyson ; R. Carrigan, « *Dyson sphere* », Scholarpedia, vol. 4, n° 5, (2009)

[43] Il est question, ici, d'une véritable vie biochimique artificielle et non des seuls logiciels informatiques et autres algorithmes génétiques.
-Aperçu dans *Synthetic Biology and Biodiversity* C.E.E. Science Environnement Policy (2015).

pas de s'embourber dans quelques déviances confondant un peu rapidement le neurone et la complexité chimique de sa synapse et des neurotransmetteurs avec la simplicité électronique du transistor !

Avec Einstein

Le point de départ essentiel est, avec les travaux d'Einstein, la possibilité de construire un modèle cohérent et rationnel de l'Univers. Opération hasardeuse avant la découverte de l'espace-temps de la relativité générale. Ce cadre est tel qu'il permet l'établissement d'équations qu'il faut résoudre pour obtenir des solutions dont les conséquences sont à soumettre à l'analyse et, si possible, à l'observation. Car il n'y a pas unicité de réponse, et c'est heureux !

Parmi celles-ci, et en accord avec les recherches actuelles, il a été mis au point le modèle standard de l'Univers qui, entre autres propriétés, présente deux caractéristiques. D'une part, il est en accord avec les observations dont on dispose. D'autre part, il est modifiable et adaptable si nécessaire. Mais il s'agit d'un modèle et rien de plus.

Une deuxième grande découverte, expérimentale, fut celle de l'expansion de l'Univers. Rapidement furent trouvées des solutions aux équations d'Einstein qui permettaient d'en rendre compte. Elles conduisirent à supposer l'existence d'une origine qui fut qualifiée de big bang. Avec pour conséquence que, comme avec Darwin pour la vie, il devient possible d'établir une histoire du cosmos avec une filiation entre l'origine et son état présent. Ce qui incite à la comparaison, comme nous en avons discuté.

Le big bang est un processus qui donna (et donne toujours) lieu à différentes spéculations. L'une d'elles ne manque pas d'intérêt puisque, comme on l'a dit, il s'agit de l'hypothèse d'existence d'Univers parallèles, ou multivers, qui soulèvent toute une série de questions quant à leurs possibles réalités et à leurs éventuelles propriétés physiques. Questions purement spéculatives en l'état présent des connaissances. Mais hypothèses que scientifiquement rien ne contredit.

La connaissance que l'on commence à avoir le l'Univers conduit à la question suivante :

- *le futur de l'humanité se jouera-t-il dans l'espace ?*

Dans le long terme, et si l'humanité parvient à survivre, la réponse ne peut, semble-t-il, être que positive. Ne serait-ce que pour des questions d'approvisionnement en ressources de tous ordres. Mais il existe une barrière limitative infranchissable établie par la relativité, celle de la vitesse de la lumière. Elle restreint considérablement le périmètre exploratoire au cours d'une vie humaine. Pour aller au-delà, il faudrait la succession de générations impliquant la fin de l'unité de l'espèce avec tous les aléas de l'évolution darwinienne qui en résulteraient. Quant au cours et moyen terme, c'est, comme nous allons le rappeler, l'association de nos deux aventuriers qui en décidera.

Avec Darwin et Einstein

La découverte et la connaissance profonde de l'environnement terrestre puis du système solaire, de la galaxie et de l'Univers ont connu un très important développement dès le milieu du siècle dernier avec la mise au point des satellites artificiels et des sondes et engins spatiaux. Toute une série d'explorations et une panoplie de techniques complexes de mesure et d'analyse des différents constituants extraterrestres ont apporté une somme considérable d'informations. La connaissance de la physique des planètes qui nous entourent et de leurs satellites a été complètement renouvelée, en particulier concernant leur constitution et leur origine.

On retrouve Darwin et la biologie avec différents projets d'installations de stations habitées sur la Lune, voire de villes dans l'espace. Et, dans quelques décennies, il est prévu d'explorer la planète Mars. La réalisation de ces différents projets nécessite l'étude et la réalisation de biotopes et de formes de vie adaptées (biocénose). L'étude de la vie dans l'espace, notamment dans une station spatiale, contribue également aux progrès de la médecine et à la connaissance de l'exobiologie. Et il en va de même pour l'étude de la physique et de la chimie en impesanteur.

Mais surtout cette association de la biologie et des sciences de l'Univers a renouvelé et rendu scientifique une question ancestrale qui tourmente le Sapiens depuis qu'il scrute le ciel :

L'homme est-il seul dans l'Univers ?

Jusqu'à une époque très récente, aucune étude scientifique n'étant possible, les spéculations sur ce sujet ne manquèrent pas. Certains, tel Giordano Bruno, au XVII° siècle, y laissèrent même la vie. Plus récemment, on se souvient de l'astronome G. Schiaparelli et de ses canaux de Mars (1877), des « petits hommes verts » et de *La Guerre des mondes* de H. G. Wells (1898). Sans omettre tout un folklore associé aux histoires des OVNI (Objets Volants Non Identifiés) c'est à dire de l'Ufologie (UFO Unidentified Flying Object) qui font la joie de la science-fiction et de certains média.

Actuellement, cette question est posée sous la forme plus générale suivante :

L'intelligence extraterrestre existe-t-elle ?

Un programme scientifique SETI (Search for Extra-Terrestrial Intelligence ; recherche d'intelligence extraterrestre) a pour objet l'auscultation électromagnétique du cosmos. Depuis les années 60, son objectif est la recherche d'éventuels signaux électromagnétiques caractéristiques prouvant l'existence de sources émettrices extraterrestres dotées d'intelligence. Jusqu'ici, aucun signal n'a été obtenu. Ce qui ne prouve rien si l'on tient compte du vaste spectre des paramètres à analyser, qu'il s'agisse des fréquences ou des directions à observer.

Ces recherches conduisent à poser la question des origines de la vie. Selon les connaissances actuelles, le phénomène vital est, dans des conditions spécifiques, un processus du seul ressort de la physico-chimie. Il est donc tout à fait plausible d'admettre qu'une forme de *vie élémentaire* puisse apparaître ailleurs, sous une forme ou sous une autre, si les conditions environnementales le permettent. On peut estimer que dans l'extrême multitude de systèmes planétaires que contient l'Univers, il devrait plausiblement en exister qui remplissent les conditions scientifiques requises. Mais la nécessaire présence d'eau à l'état liquide (« la fenêtre de l'eau ») et la situation de la planète dans la « zone habitable[44] » sont critiques. Et l'on connaît mal les apports chimiques du cosmos où l'on trouve des précurseurs biologiques intervenant dans les origines de la vie.

D'autres conditions beaucoup plus restrictives sont nécessaires pour qu'il y ait quelque possibilité de convergence d'une vie extraterrestre élémentaire vers l'intelligence au sens ou nous l'entendons. En effet, cette question est autrement critique. Le cas terrestre montre que la convergence vers le Sapiens sapiens a été l'aboutissement d'une extrêmement longue filiation ayant nécessité de l'ordre de quatre milliards d'années et vraisemblablement d'une série de hasards exceptionnels. Il n'existe aucune raison plausible laissant envisager qu'une convergence plus rapide serait possible. Or, pour y parvenir, le maintient de la vie exigerait une stabilité environnementale exceptionnelle durant une aussi longue période laquelle nécessiterait un ensemble de conditions si draconiennes qu'une telle

---

[44] Ni trop chaude, ni trop froide, ni dans une ambiance trop soumise aux irradiations naturelles qui, dans les bras galactiques, sont très intenses.

perspective devrait être extrêmement peu probable. Mais non nulle puisque nous existons. Le cas d'une potentialité de vie ayant existé, mais n'ayant pas pu se maintenir sur la planète Mars semblerait en être une illustration.

En conclusion

C'est vraisemblablement l'un des plus grands succès de la pensée rationnelle, de la science et de la raison d'avoir été capable de construire une histoire scientifique de l'Univers, du big bang à nos jours et d'être parvenue à y intégrer l'histoire de l'apparition de la vie, de son évolution et de sa diversification. Ce faisant, la biologie et la cosmologie ont posé à l'espèce humaine une question capitale : celle de son devenir qui n'est pas indépendante de celle de l'éventuelle existence d'une intelligence extraterrestre.

À l'évidence, c'est au génie de deux aventuriers du savoir, de deux chercheurs solitaires, que l'on doit cette longue histoire de la Vie et celle de l'Univers. Certes, il subsiste de nombreuses inconnues, des approximations, des lacunes, des hypothèses restant à vérifier et des connaissances à acquérir. Pourtant, en dépit de ses failles, toute la trame actuelle de ce double récit est cohérente. La recherche est en train de les fondre dans un vaste puzzle dans lequel il manque des pièces. Sera-t-il jamais fini ? En connaîtra-t-on un jour l'image ? Probablement non, car d'image il n'y a pas ! Il ne s'agit, en effet, que de modèle, rien n'étant définitivement fixé. Car les propriétés génératives du hasard et de la contingence faisant partie des moteurs fondamentaux de l'évolution, de la Vie, comme de l'Univers, les chemins du futur ne sont, et ne seront jamais écrits nulle part.

Comme l'a déclaré avec sagacité, il y a plus de deux millénaires, le philosophe Héraclite d'Éphèse : « *Le soleil est nouveau chaque jour* » (*Perì phýseôs; De la Nature*).

Annexe I

Le darwinisme dénaturé

Le concept de sélection naturelle, issu des travaux de Darwin, a inspiré des sociologues au XIX° siècle. Ils ont envisagé son extension aux sociétés humaines, reliant l'état naturel de leurs relations sociales aux conditions de la lutte pour la vie entre les êtres humains. Pour eux, le conflit *est* la cause du progrès, de l'évolution des sociétés et de l'amélioration de la condition humaine. Pour que cette sélection humaine puisse s'exercer et favoriser la survie des plus aptes, donc l'élimination des autres, l'État, la protection sociale, l'assistance, la solidarité ne doivent pas intervenir. C'est une forme de l'idéologie ultralibéraliste.

Le darwinisme social

Il a été théorisé par le sociologue anglais Herbert Spencer, philosophe évolutionniste contemporain de Darwin. Comme on l'a dit, c'est Spencer qui, s'inspirant des travaux de Darwin, envisagea leur application aux sociétés humaines. Il en tira ce qui fut appelé le darwinisme social, déclarant que l'hérédité innée serait prépondérante sur l'éducation, celle des caractères acquis. En appliquant une sélection naturelle à la biologie des populations, c'est à dire à l'espèce humaine, Spencer prétendait expliquer aussi bien les inégalités sociales et les luttes civiles que les guerres. Il affirmait en extraire des explications sur l'état d'évolution et d'adaptation des différents peuples, prétendant ainsi justifier une sorte de trajectoire unique de l'histoire humaine. Selon cet auteur, ces travaux devaient favoriser certains concepts politiques dont la soumission du peuple, déclaré « moins apte », à une élite seule chargée de le gouverner. Et, par les mêmes arguments, il légitimait le colonialisme. C'est une tentative de justification sociale des inégalités raciales. Pour qualifier les effets de la sélection naturelle, sa proclamation de la « survie des plus aptes » eut des répercussions particulièrement négatives sur le darwinisme. Outre l'eugénisme, les concepts spencériens justifiaient le colonialisme et ils inspirèrent le fascisme et le nazisme avec toutes les dérives racistes que connu le XX° siècle. Et qui encouragèrent des attitudes belliqueuses de certains groupements et partis politiques ayant conduit aux deux guerres mondiales de ce XX° siècle. Cette doctrine eut également une influence importante au Japon, notamment dans la guerre sino-japonaise de l'ère Shova.

Le darwinisme social s'est rapidement répandu et il suscita de vives oppositions, en particulier de Darwin lui-même : *« Si importante qu'ait été, et soit encore, la lutte pour l'existence, cependant, en ce qui concerne la partie la plus élevée de la nature de l'homme, il y a d'autres facteurs plus importants. Car les qualités morales progressent, directement ou indirectement, beaucoup plus grâce aux effets de l'habitude, aux capacités de raisonnement, à l'instruction, à la religion, etc., que grâce à la Sélection naturelle ; et ce bien que l'on puisse attribuer en toute assurance, à ce dernier facteur les instincts sociaux, qui ont fourni la base du développement du sens moral. » (The Descent of man-1871).*

Dans son *Autobiographie* Darwin déclare également, à propos des idées de Spencer : « *Ses généralisations fondamentales sont peut-être, oserais-je le dire, très valables d'un point de vue philosophique, mais d'une essence telle qu'elles me paraissent n'avoir aucun usage strictement scientifique. Relevant par essence des définitions plus que des lois de la nature, elles ne permettent pas de prédire ce qui se produira dans un cas particulier.* » La suite des évènements en a donné une illustration chèrement payée ! On a dit que l'erreur tient à la confusion entre historicité et loi d'ordre.

L'eugénisme

C'est l'omniscientifique britannique, cousin de Darwin, F. Galton (1822-1911), fondateur de la biométrie, qui utilisa le terme *eugénisme* pour la première fois, en 1883 dans son ouvrage *Inquiries into human faculty and its development* (Enquêtes sur la faculté humaine et son développement). S'étant intéressé à l'hérédité à la suite des travaux de son cousin, Galton en vint à formuler les éléments d'une doctrine s'interrogeant sur le caractère héréditaire des capacités humaines. C'est ainsi que ses travaux le conduisirent à l'eugénisme qui devint une théorie regroupant des méthodes utilisant les lois de la reproduction pour opérer une sélection sur la collectivité humaine. Dans son esprit, l'objectif est clairement de chercher l'amélioration des performances de ses membres. Il élabora son système sur l'observation suivante : dans les sociétés modernes la protection, la survie et la procréation des faibles entravent la fonction d'amélioration des capacités d'une population en perturbant le fonctionnement de la sélection naturelle et l'élimination des moins aptes. D'où Galton conclut qu'il faudrait instaurer une sélection artificielle pour contrer une dégénérescence des populations qui, sinon, serait inéluctable et entraînerait leur disparition. En d'autres termes, il faudrait prendre des séries de mesures pour empêcher les moins performants de se reproduire.

Il faut cependant noter que dans son ouvrage *La Descendance de l'homme et la sélection liée au sexe,* Darwin reconnaît que les protections sociales vont à l'encontre de la sélection naturelle. Mais il se refuse à accepter les conclusions politiques de son cousin. Outre les dangers que crée la diffusion de leur idéologie, ces pseudo doctrines présentent un inconvénient majeur : celui de revêtir une sorte de masque leur donnant une fausse apparence scientifique qui ne peut qu'encourager leur acceptation en trompant des milieux qui n'y sont pas préparés. D'où leurs succès au siècle précédent.

Ces travaux furent à l'origine d'une mouvance eugéniste européenne rassemblant des médecins, des scientifiques, des intellectuels et ils ont inspiré des politiques eugénistes dont celles du régime national-socialiste allemand et du fascisme. Le biologiste E. Haeckel (1834-1919) favorisa la diffusion de ces idées en Allemagne et encouragea le racisme par son classement hiérarchisé des races humaines. Il était pangermaniste et inspira le nazisme. La sociobiologie de E. O. Wilson (1929-) est une sorte de prolongement de ces idées du XIX° siècle voulant également intégrer les sciences sociales. Elle a suscité, et suscite encore de sérieuses controverses. Et l'on retrouve, à l'état plus ou moins diffus, toutes ces dérives et leurs prolongements, y compris chez les politico-économistes dont Marx, Engels, Trotski… qui s'inspirent également de Galton et Spencer, ainsi que des traces d'un certain finalisme, ce que refusait profondément Darwin.

Il y a des pensées pathologiques !

Annexe II

Le dessein intelligent (*intelligent design*) : L'imposture

Le créationnisme

Certaines découvertes scientifiques, dont la querelle de l'âge de la Terre, le renouvellement des idées propagées par les Lumières et la sécularisation croissante furent à l'origine d'une vive controverse à propos de l'historicité des Ecritures. La défense de l'autorité biblique suscita un mouvement idéologique, l'inerrance [45] biblique particulièrement actif chez les fondamentalistes protestants. Il s'agit d'une position doctrinale décrétant que les Saintes Écritures sont authentiquement et rigoureusement exactes pour tout ce qui concerne le croyant, sa foi et sa vie ainsi que l'exposé thématique historique, géographique et didactique qu'elles décrivent. Les textes de l'Ancien et du Nouveau Testament sont interprétés au pied de la lettre (la *sola scriptura* - l'Écriture seule) et sont supposés absolument exempts de toute erreur.

[45] Inerrance signifie « sans erreur ».

Il s'ensuivit une vive controverse qui alla en s'amplifiant, d'abord en Angleterre et en Allemagne puis dans toute l'Europe et aux Etats-Unis. C'est dans un tel contexte que la parution de *L'Origine des espèces* provoqua un séisme, véritable rupture qui changea la nature du conflit. Jusque-là, faute d'autre perspective, l'idée de l'origine transcendante de l'homme était quasi unanimement acceptée. La négation de ce dogme fondateur de l'abrahamisme, apportée par le darwinisme, produisit une profonde fracture culturelle générant une violente contestation multiforme. Chez les fondamentalistes protestants américains, les plus intransigeants, elle suscita, par réaction, un créationnisme rigoriste à prétention scientifique.

La querelle de l'enseignement

Dans le monde protestant, particulièrement aux Etats-Unis, se développa une puissante opposition à l'introduction du darwinisme dans l'enseignement public. Après différentes tergiversations, en 1923 eut lieu une première affaire judiciaire dans l'État de l'Oklahoma qui vota un amendement interdisant l'introduction de livres scolaires traitant du darwinisme. Interdiction qui s'étendit à la « Bible Belt », ou ceinture de la Bible, correspondant au sud-est des Etats-Unis dans lequel domine un fondamentalisme dur.

En 1925, l'Etat du Tennessee promulgua le Butler act interdisant aux professeurs de l'enseignement public de nier l'origine de l'homme que décrit la Bible. Il n'interdisait cependant pas l'enseignement de l'évolution du reste du vivant. Cette loi est restée en vigueur jusque en 1967.

La même année J. Scope, professeur de sciences naturelles dans le Tennessee, décida de passer outre. Un procès lui fut intenté, le premier qui eut un retentissement national et est connu comme étant « le procès du singe ». Bien que Scope ait été condamnée, le jugement ne fut pas exécuté.

Pendant la trentaine d'années qui suivit, il n'y eut plus de grandes affaires de justice. Tandis que la crise économique sévissait, les antiévolutionnistes agissaient dans l'ombre. Puis un choc eut lieu dans les années soixante quand les politiques américains se rendirent compte qu'il se préparait une révolution de la biologie qu'amorçait la découverte du code génétique. Ils élaborèrent un grand projet de rénovation et de mise à jour des enseignements de biologie (*Biological Sciences Curriculum Study*) dans lequel le darwinisme trouvait sa place. Se sentant floués, les créationnistes portèrent l'affaire devant la justice. La Cour Suprême des Etats-Unis rendit son jugement en 1968, leur donnant tort en vertu du premier amendement de la Constitution, le Bill of Rights (Déclaration des droits), qui garantit la laïcité et la neutralité de l'État. Premier échec sérieux des fondamentalistes : l'enseignement du créationnisme devenait donc illégal.

Les fondamentalistes durent donc changer de stratégie. Pour tenter de contourner la loi, ils imaginèrent ce qu'ils nommèrent une « science créationniste ». La croyance biblique était dissimulée dans un fatras d'anecdotes à prétention fallacieusement « scientifique » qui ne trompèrent guère les scientifiques. D'autant que la science rationnelle n'œuvre que dans l'espace-temps tandis que le cadre créationniste exigeait une dimension de plus, celle de la transcendance.

Malgré tout, vers la fin des années soixante-dix des fondamentalistes parvinrent à faire voter une loi dans l'Arkansas et la Louisiane prônant une « présentation équitable ente science et croyance ». Ce qui aboutit au troisième grand procès qui eut lieu en 1981 à Little Rock. La loi fut déclarée inconstitutionnelle. Mais la Louisiane fit appel auprès de la Cour Suprême. Et c'est ainsi que, en 1987 (affaire Aguillard) cette dernière trancha en faveur du jugement de Little Rock en décidant, deuxième échec des fondamentalistes, l'interdiction de l'insertion des « sciences de la création » dans le curriculum des écoles publiques, toujours en référence au premier amendement de la Constitution américaine

Après ces deux échecs, les fondamentalistes se retrouvaient dans une impasse. Le procès de 1968 permettait l'enseignement du darwinisme tandis que celui de 1987 interdisait celui du créationnisme.

Le dessein intelligent

Face à ces échecs, les créationnistes réagirent en imaginant une stratégie nouvelle consistant, d'une part, à attaquer de front les données et les lacunes du darwinisme et, d'autre part, en imaginant un scénario nouveau : le dessein intelligent (*Intelligent Design*).

Partisans intransigeants de l'inerrance biblique, ces fondamentalistes prétendirent faire la « démonstration » de l'origine « *extranaturelle de l'homme et de la vie* ». Compte tenu des difficultés et des critiques rencontrées dans leurs tentatives antérieures, ils développèrent un argumentaire de défense des Textes sacrés, rédigé en langage laïque, sous une apparence didactique prétendument « scientifique » : il s'agit du Dessein Intelligent. L'idée-force développée est celle d'une « *cause intelligente* » et non plus celle d'un Dieu créateur, car il convient d'admettre que « *certaines observations de l'Univers et du Monde sont mieux explicables par l'intervention d'une cause intelligente que par des processus non dirigés tels que la sélection naturelle* ». Il s'agit d'une « *force directrice orientant l'accès à la complexité* ». Pour en justifier l'existence, ces néoconservateurs n'hésitent pas à remontrer jusqu'à Platon qui, dans le *Timée*, parle d'un démiurge comme cause première du Monde. Bien que non précisée, la nature de cette

« cause intelligente » est clairement sous-entendue[46]. En effaçant soigneusement toute référence à la notion de Dieu, cette présentation du dessein intelligent perd son caractère religieux explicite. Mais non implicite : il suffit de remplacer l'expression « cause intelligente » par « Dieu » et l'on retrouve l'argumentaire créationniste usuel. Prétendant ainsi « démontrer » la réalité de leur thèse, ces fondamentalistes en concluent que le mécanisme darwinien de l'évolution des espèces vivantes n'est qu'une supercherie.

C'est dans le livre *Of Pandas and people* (Des pandas et des hommes), publié en 1989 que les néocréationnistes américains P. Davis et D. H. Kenyon, ont systématisé le terme et jeté les bases du dessein intelligent. Par précaution ce concept ne concerne que la biologie, l'âge géologique réel de l'Univers ne pouvant plus être contesté. Le vocabulaire a été défini par le créationniste C. Thaxton qui a évité soigneusement toute référence religieuse dans son discours.

Ce programme fut finalisé par un centre de réflexion américain, le *Discovery Institute (Center for the Renewal of Science and Culture* ; Centre pour le renouveau de la science et de la culture) fondé en 1990 par un puissant et très actif groupement de protestants fondamentalistes américains. Bien que les fondateurs aient eu pour intention première de rendre obligatoire l'enseignement de la Bible dans les écoles publiques, leurs ambitions allaient bien au-delà. Un programme à long terme a été défini dans un document interne théoriquement confidentiel *The Wedge* (le « coin » - celui du bûcheron) qui a cependant fini par diffuser dans le public. Le but initial était « d'affirmer la réalité de l'existence de Dieu » qu'accompagnait un ambitieux

[46] Dans une certaine mesure le dessein intelligent est l'héritier de la vision de P. Teilhard de Chardin et de sa noosphère « *pellicule de pensée enveloppant la Terre* » de sorte que matière et esprit seraient deux aspects d'une même réalité. Il concevait l'évolution de l'Univers comme un mouvement ascendant et convergent vers son point Ω, de la nature vers Dieu par l'intermédiaire de l'homme.

programme religieux, mais non dépourvu de perspectives politiques. Convaincus d'ethnocentrisme, les auteurs prétendaient vaincre le matérialisme scientifique et ses implications morales et culturelles déviantes et remplacer les explications matérialistes par leurs interprétations théistes. Aussi l'objectif premier était-il de faire accepter, et intégrer en tant que tel, ce mouvement dans le cadre de la science officielle et des enseignements. À long terme était évoquée la perspective d'une théocratie, idéologie associée au principe anthropique qui déclare que « la vie sur Terre est un miracle [47]».

La diffusion de ce rapport a contrarié ces projets, mais qui subsistent probablement à l'état latent parmi certains membres intégristes du Discovery Institute. Ils n'ont pas renoncé à susciter des doutes et des mouvements contestataires dans le public, ni de tenter d'influencer les milieux scientifiques, intellectuels et culturels, ainsi que les sphères dirigeantes[48].

Le procès de Dover (Pennsylvanie 2005)

Forts de leur nouvel argumentaire, les créationnistes américains reprirent la lutte dans les années 2000 et parvinrent à convaincre le Conseil Educatif de la ville de Dover (Pennsylvanie) d'intégrer le dessein intelligent à titre comparatif dans l'enseignement de la biologie. Ce que n'acceptèrent pas les évolutionnistes qui attaquèrent cette décision en invoquant le caractère créationniste de cet enseignement. Après d'âpres discussions, les évolutionnistes finirent par gagner le procès de Dover, dit affaire Kitzmiller (le plaignant). Le tribunal fédéral de Harrisburg

[47] Selon ce principe, à caractère déiste, les propriétés de l'Univers sont « adaptées » (par qui ?) pour provoquer l'existence de l'homme.

[48] Aves le président Reggan et les deux présidents Bush, les néocréationnistes connurent un certain succès

(Pennsylvanie) déclara, en 2005, que l'enseignement du dessein intelligent, comme simple alternative à la théorie de l'évolution de Darwin dans les classes de science des écoles, est anticonstitutionnel. Bien que local, ce procès eut un retentissement considérable dans tout le pays.

L'Académie nationale des sciences des États-Unis ainsi que le Centre national pour l'éducation scientifique des Etats-Unis ont finalement déclaré que le dessein intelligent est une pseudo-science. Le chef astronome du Vatican a rejoint cette opinion en affirmant que le dessein intelligent « n'est pas de la science, même s'il en a la prétention ».

Le fait que depuis une cinquantaine d'années les jugements des tribunaux récusent la constitutionnalité et la scientificité du fondamentalisme, précisant son caractère confessionnel, n'est évidemment pas une preuve scientifique de l'erreur intrinsèque des croyances qu'il diffuse. Il s'agit d'un nouvel épisode de l'insoluble confrontation entre la science et la religion.

Discussion

Face à ces échecs, le Discovery Institute fut contraint d'abandonner sa lutte pour l'enseignement du créationnisme et recentra ses efforts sur la critique des cours de biologie. Il introduisit le concept d'« analyse critique de la théorie de l'évolution » tentant d'influencer les élèves par des publications de projets et incitations à la controverse dans les cercles enseignants, par exemple en considérant que le darwinisme n'est qu'une hypothèse parmi d'autres et en exagérant ses incertitudes.

Les créationnistes les plus radicaux contestent formellement la réalité et l'interprétation scientifique des travaux de recherches tels que, par exemple, ceux concernant le classement des séries fossiles. Les paléontologues sont leur cible privilégiée. Ils prétendent réfuter l'idée d'évolution en prenant comme contre-exemple un amalgame entre l'évolution biologique et l'évolution erratique des civilisations humaines, questions manifestement sans rapport.

Et les fondamentalistes fuient la discussion en postulant qu'ils n'ont pas à démontrer la justification de leur argumentaire, car, selon leur rhétorique, c'est à leurs contradicteurs d'en démontrer l'erreur (argument bien connu de la « théière de Russel »[49]). Et, argument suprême, ils n'hésitent pas à déclarer que l'imprécision de leur discours tient au fait que « *la nature extraterrestre, ou extranaturelle, caractéristique du désigné (la cause intelligente), fait qu'il est hors d'atteinte d'une science matérialiste !* ». Certains de ses plus actifs défenseurs n'ont pas hésité à déclarer recourir à des « facteurs théologiques » (cas du biologiste américain M. Behe, auteur de *La boîte noire de Darwin*, défenseur officiel du mouvement néocréationniste) ce qui est pour le moins paradoxal !

Il n'en reste pas moins vrai que le créationnisme, comme le dessein intelligent, sont tout autant indémontrables, invérifiables et inexpérimentables. lls ne prédisent rien d'observable et de reproductible. Et, défaut rédhibitoire, le dessein intelligent ne répond pas au critère de réfutabilité de Popper ce qui l'exclut *ipso facto* du cadre des théories scientifiques. Enfin il ne satisfait pas au principe de parcimonie (critère d'Occam des hypothèses à minima) puisqu'il nécessite une hypothèse de plus que le darwinisme, celle de la force directrice de l'évolution

Commentaire

Les fondamentalistes font une lecture erronée du néodarwinisme, interprétant mal les corrélations

[49] Illustration du rasoir d'Occam. Ce n'est pas au sceptique de réfuter des arguments invérifiables d'un croyant, mais à celui-ci de les prouver.

mutation/sélection, les points d'incompréhension étant l'accès à la spéciation et à la complexité. L'irrationalité inébranlable de leur foi biblique est fondée sur une donnée contextuelle. Ils ne peuvent littéralement ni admettre, ni probablement concevoir qu'un élément complexe nouveau puisse apparaître sans l'action d'une intelligence créatrice supérieure. Inimaginable, pour eux, de se contenter d'un trivial facteur immatériel arbitraire, aléatoire et incontrôlable désigné par le terme ambigu de « hasard ». Qui plus est, associé à la contingence ! C'est impensable de jouer Dieu, qui est Tout, contre le hasard qui, précisément, n'est Rien !

Il s'agit d'une mésinterprétation mathématique du résultat du produit d'un infiniment petit (une microprobabilité d'apparition d'un évènement) par un infiniment grand (un temps gigantesque de possible répétitivité d'une telle microprobabilité d'évolution). Dans un tel cas, mathématiquement le résultat n'est pas prévisible. Une telle indétermination peut soit ne jamais converger, soit aboutir à une valeur absolument quelconque. Mais dans le mécanisme darwinien, il y a plus : l'acte de création n'est pas le résultat du seul hasard, mais celui de son *association* au filtre de la sélection naturelle. C'est ce couple hasard-sélection qui est génératif et *non le hasard seul,* l'un n'est rien sans l'autre. Par exemple, contrairement à ce qui est souvent déclaré, l'œil n'est pas la création du hasard, mais le résultat de son couplage avec la contingence résultant de l'adaptation aux contraintes de la survie dans un milieu donné. Et non le résultat de quelque « bon ordre divin ».

Plus techniquement, il s'agit d'une opposition idéologique entre « croyance » et « opérationnalité ». La première se réfère à une herméneutique sacrée d'identification d'un « facteur » agissant extrarationnel. La seconde se fonde sur une causalité aléatoire et imprévisible, car non quantifiable, mais régulée par un environnement contingent. Opération qui est expérimentalement vérifiable et reproductible, et cela par différents moyens. L'irréductibilité de la croyance des néocréationnistes est inscrite dans la structure intrinsèque de leur idéologie : ils ne veulent, ou ne peuvent pas admettre la puissance générative intrinsèque d'un phénomène que toute la physique quantique, celle du microcosme, est pourtant là pour en démonter la réalité, la richesse et l'effectivité.

Le créationnisme dans le monde

Les principales églises chrétiennes créationnistes sont essentiellement les églises évangéliques telles les pentecôtistes, les adventistes, les baptistes, les Témoins de Jehova et quelques autres qui croient fermement en la vérité des textes bibliques. Ces églises, qui ont une grande activité missionnaire, sont le plus souvent en expansion. Elles ont une influence grandissante, en particulier aux Etats-Unis où elles sont largement répandues ainsi qu'en Afrique où elles progressent sur un terrain favorable. Leurs missionnaires tentent également d'oeuvrer en Europe, avec un certain succès et, beaucoup plus difficilement, dans un monde musulman réfractaire.

Tous les chrétiens ne sont pas créationnistes. Si les églises luthérienne ou calviniste conservent la croyance en une création divine, elles se sont cependant adaptées à l'évolution des connaissances. La plupart acceptent les avancées scientifiques à condition que celles-ci soient compatibles avec les textes bibliques. Ceux-ci sont considérés comme des messages divins adressés à l'humanité qui doit les interpréter.

L'Eglise catholique a choisi une position intermédiaire se situant subtilement entre un théisme et un finalisme conciliables avec une démarche scientifique jugée cohérente. D'une part, elle reconnaît que l'évolution est plus qu'une théorie, accordant au livre de la Genèse une portée symbolique plutôt que scientifique. Par exemple, le pape Jean-Paul II, s'exprimant au nom de l'Église catholique, a déclaré, en 1996, que : « *de nouvelles connaissances conduisent à reconnaître dans la théorie de l'évolution plus qu'une hypothèse* ». Cependant l'Église refuse tout matérialisme qui ferait de l'Homme « *le produit accidentel et dépourvu de sens de l'évolution* » et elle exclut de l'évolution l'âme spirituelle « de nature divine ».

Dans les églises qui ne sont pas créationnistes, ce point de vue officiel ne fait cependant pas l'unanimité. Certains libéraux considèrent que le dogme et la science sont deux activités intellectuelles distinctes donc à ne pas confondre. D'autres estiment qu'une Vérité révélée se situe hors du plan scientifique. Des dissidents adhérent à des thèses proches des idées créationnistes, par exemple les fondamentalistes catholiques. Nombre de chrétiens sont créationnistes par manque d'informations scientifiques lesquelles ne diffusent pas toujours de façon satisfaisante dans ces différents milieux.

Jusqu'à présent, l'Europe ne semble pas particulièrement réceptive aux thèses créationnistes, ses populations chrétiennes considérant que l'Ancien Testament ne doit pas être interprété au premier degré. Cependant on observe une progression de l'enseignement du créationnisme dans les pays d'Europe du nord ainsi qu'une certaine réticence à l'enseignement de la théorie de l'évolution. Ce qui a suscité une réaction du Conseil de l'Europe lequel a adopté, en 2007, une résolution exposant « les dangers du créationnisme dans l'éducation » (rapport Guy Lengagne résolution 15800 du 04/09/2007). L'Europe s'engage à « promouvoir l'enseignement de l'évolution en tant que théorie scientifique fondamentale dans les programmes généraux d'enseignement ». Pour autant, les néocréationnistes n'ont pas rendu les armes.

Dans quelques pays européens, dont la France, l'année 2007 a connu une tentative du monde musulman créationniste en vue d'influencer l'enseignement public. Elle se manifesta par la diffusion massive, à destination des écoles, d'exemplaires d'un luxueux ouvrage intitulé « L'Atlas de la création » et signé Harun Yahya (pseudonyme d'Adnan Oktar), auteur déclarant réfuter le darwinisme. Sa prétendue « démonstration scientifique » est basée sur la manipulation de photographies de fossiles étayée par des citations du Coran. C'est une manifestation propagandiste primaire d'un créationnisme fixiste musulman sans rapport direct avec le dessin intelligent. L'Éducation nationale en a interdit la diffusion dans les écoles publiques françaises.

La plupart des courants de confession juive, même chez certains orthodoxes, acceptent une théorie théiste de l'évolution et la plupart ne lisent pas la Torah de façon littérale. Nombre d'entre eux considèrent que, ne se situant pas dans le même référentiel, il n'y a pas contradiction d'affirmer que la foi et la science sont vraies toutes les deux. Certains scientifiques cherchent différents moyens de concilier ces deux points de vue, remarquant que la vérité de la Thora est immuable alors que celle de la science varie avec l'époque ce qui nécessite des adaptations.

C'est vraisemblablement en terre d'Islam sunnite que l'adhésion à un créationnisme radical est la plus développée. Plus généralement, la croyance en une création surnaturelle du Monde et de la vie est une opinion très largement partagée par la plus grande partie des populations de la planète. Dessein intelligent, ou pas, pour celles-ci la question de la « vérité biblique », – comme celle du Coran–, se pose d'autant moins que la culture scientifique n'y est généralement pas bien reçue, ni enseignée, et que les systèmes éducatifs de ces pays se gardent bien de développer tout esprit critique.

En conclusion

La puissance de diffusion mondiale des mouvements créationnistes, qui est grande, tient d'abord à l'efficacité de ses prédicateurs convaincus du bien fondé de leurs croyances et de la nécessité de les diffuser, voire de les imposer. Elle tient ensuite au fait qu'ils s'adressent généralement à des groupements idéologiquement sectaires, à des organisations psychologiquement réceptives et, le plus souvent, à des populations conditionnées et peu éduquées, notamment dans les sciences.

Espérant profiter de ces circonstances, les néocréationnistes du *Discovery Institute* tentèrent de faire du dessein intelligent et de son ambitieux programme stratégique affiché dans *The Wedge*, une arme politique. Leur but clairement exprimé était la conception d'une nouvelle forme de civilisation théiste fondée sur des thèses pseudo-scientifique. Il s'agissait d'un projet s'intégrant bien dans la tradition charismatique protestante américaine. Postuler ce type d'idéologie faisant fi de la science rationnelle, revient à faire un acte de foi anthropique avec, pour perspective, une régression dramatique vers un retour à un simplisme moyenâgeux.

Tables des matières

Sciences

aux éditions L'Harmattan

Dernières parutions

ONTOGÉNÈSE ET VARIATIONS GÉNÉTIQUES DE L'ARCHITECTURE DU SYSTÈME RACINAIRE DES MONO ET DICOTYLÉDONES MODÈLES
Varin Sébastien
Dans un contexte de changements globaux mondiaux, les plantes modèles sont prévues pour servir comme aide importante dans la compréhension du développement, de mécanismes de communications, de la production d'énergies, biocarburants, matériaux, aliments à partir des plantes. Interface biologique majeure au rôle clef dans un grand nombre de processus et en raison de sa sensibilité à l'environnement, le système racinaire sera présenté puisqu'il démontre une plasticité considérable mais contrainte génétiquement. Cette synthèse correspond au deuxième point d'une étude constituée de quatre tomes.
(26.50 euros, 254 p.)
ISBN : 978-2-343-10045-6, ISBN EBOOK : 978-2-14-003146-5

PLASTICITÉ ET INSTABILITÉ DÉVELOPPEMENTALE
Concept en biologie – Exemple des végétaux
Varin Sébastien
La plasticité est une idée introduite par Woltereck en 1909, juste après la séparation conceptuelle du génotype et du phénotype par Johannsen. Depuis, le caractère plastique des traits et le caractère évolutif du phénomène de plasticité ont été négligés. Or, Darwin l'avait prédit en signalant qu'il n'avait pas suffisamment insisté sur le rôle de l'environnement dans sa théorie de l'évolution. Cette étude est basée sur une rétrospective clarifiée du concept de Plasticité dans le monde animal et végétal. Cette synthèse correspond au premier point d'une étude constituée de quatre tomes.
(30.00 euros, 290 p.)
ISBN : 978-2-343-10046-3, ISBN EBOOK : 978-2-14-003147-2

IMPLICATION DES BACTÉRIES SOLVANTOGÈNES ET RHIZOBACTÉRIES ÉMETTRICES DE COV DANS LES CHANGEMENTS GLOBAUX ET LA PLASTICITÉ
Varin Sébastien
Les composés organiques volatils participent à des phénomènes perturbant les équilibres de l'atmosphère et contribuent aux changements globaux. Ils sont

surtout émis par les sources biogènes. Ce livre est le quatrième point d'une étude composée de quatre tomes. Il s'intègre parfaitement dans une optique philosophique de biomimétisme. Il présente : les connaissances actuelles des échanges d'informations médié par des volatils entre les bactéries, les plantes et mammifères comme l'homme, et enfin, les perspectives techniques du concept de Plasticité des organismes dans ce contexte de changements globaux.
(45.00 euros, 542 p.)
ISBN : 978-2-343-10043-2, ISBN EBOOK : 978-2-14-003264-6

RHIZOBACTÉRIES ET PGPR ÉMETTRICES DE COMPOSÉS ORGANIQUES VOLATILS ET IMPLICATION PERMACULTURALE-AGRO-ÉCOLOGIQUE
Varin Sébastien
Les systèmes agricoles durables (biodynamie, agroforesterie, agroécologie et permaculture) reposent sur une cohérence milieu-système très forte, où le contexte pédoclimatique a une grande importance. L'équilibre de ce milieu vivant et complexe dépend de celui des hommes, des animaux, des plantes et des micro-organismes du sol. Ces derniers représentent une importante part de la biodiversité de la planète. C'est à ce compartiment vivant et aux effets des rhizobactéries sur la plasticité des plantes, qu'est consacré ce livre correspondant au troisième point d'une étude constituée de quatre tomes.
(35.50 euros, 344 p.)
ISBN : 978-2-343-10044-9, ISBN EBOOK : 978-2-14-003265-3

BAROMÈTRES, MACHINES PNEUMATIQUES ET THERMOMÈTRES
Chez et autour de Pascal, d'Amontons et de Réaumur
Locqueneux Robert
Cet ouvrage présente à la fois une histoire et une anthologie des travaux de quelques physiciens qui ont conçu et fabriqué des baromètres, des machines à vide et des thermomètres, instruments qui, en leur temps (XVIe et XVIIIe siècles), furent des inventions nouvelles. Les travaux de trois auteurs sont privilégiés : Pascal, Amontons et Réaumur avec une remise en contexte de leurs ouvrages, des événements qui les motivent, des travaux qui les inspirent, des questions qu'ils se posent et des phénomènes qu'ils veulent interpréter.
(Coll. Acteurs de la Science, 21.00 euros, 204 p.)
ISBN : 978-2-343-04995-3, ISBN EBOOK : 978-2-336-37182-5

CE MONDE QUI VIENT
Sciences, matérialisme et posthumanisme au XXIe siècle
Basquiat Jean-Paul - Préface de Paul Basquiat
Le monde qui vient sera ce que nous en ferons. Encore faut-il avoir le courage de regarder l'avenir en face. C'est à cet effort salutaire que cet opuscule invite le lecteur. Appuyé sur les recherches les plus pointues, il propose de décrypter sous tous ses aspects le monde nouveau porté par l'évolution des sciences et des techniques.
(Coll. Questions contemporaines, 10.00 euros, 66 p.)
ISBN : 978-2-343-05055-3, ISBN EBOOK : 978-2-336-36475-9

MANUEL DES PROBABILITÉS OU MATHÉMATIQUES DE L'INCERTAIN

Laloire Jean-Claude - Préface de Michel Delecroix

Ce manuel présente les aspects pratiques de l'analyse des données et les aspects théoriques des probabilités. Cela permet à la fois de comprendre les phénomènes observés, d'en déduire une prévision et ainsi de se projeter vers l'avenir avec un maximum de sécurité. Les méthodes proposées s'appliquent aussi bien aux sciences humaines qu'aux sciences biologiques et médicales et sont mises en pratique à l'aide de nombreux exercices corrigés.

(48.00 euros, 504 p.)

ISBN : 978-2-343-04627-3, ISBN EBOOK : 978-2-336-36043-0

MILLE ANS D'ASTRONOMIE ET DE GÉOPHYSIQUE

D'Aristote au haut Moyen Âge

De Felice Pierre

Le ciel et la terre sont observés depuis la plus haute antiquité. Ne disposant pas d'instruments de mesure appropriés, les hommes proposent des explications incluant l'action divine ou s'en affranchissant. D'Aristote (IVe siècle avant J.-C.) jusqu'à Isidore de Séville (VIe-VIIe siècles après J.-C.), les auteurs grec, latin, médiéval ont compilé et décrit les connaissances de leur temps sur les astres, les phénomènes atmosphériques et géophysiques en tentant de démythifier le monde qui les entoure. Ce livre illustre aussi le difficile processus de naissance de la connaissance.

(Coll. Acteurs de la Science, 14.00 euros, 128 p., Illustré en noir et blanc)

ISBN : 978-2-343-03816-2, ISBN EBOOK : 978-2-336-36544-2

LA VALEUR DE L'ESPÈCE

La biodiversité en questions

Lherminier Philippe

Philippe Lherminier est généticien; il propose de s'interroger sans faux-semblant sur la valeur de l'espèce. Que perd-on lorsqu'une espèce s'éteint ? Quelle valeur disparaît ? Il y a de multiples réponses : l'espèce vaut parce qu'elle est utile ou inutile, abondante ou rare, connue ou inconnue, ancienne ou récente, proche ou lointaine, ressemblante ou différente de l'homme, comprise ou mystérieuse.

(Coll. Acteurs de la Science, 13.50 euros, 128 p.)

ISBN : 978-2-343-04141-4, ISBN EBOOK : 978-2-336-35913-7

QUESTIONNEMENTS D'UN OCÉANOGRAPHE

Une immersion dans le monde de la recherche et les questions éthiques qu'elle soulève

Pichevin Thierry

Ce livre décrit de l'intérieur le travail de recherche en océanographie physique de Thierry Pichevin, son contexte, ses méthodes et ses enjeux procurant ainsi au lecteur une immersion dans le quotidien d'un chercheur. D'autre part, il procède à l'analyse éthique rigoureuse des questionnements rencontrés, tout en montrant que tout chercheur peut être confronté à des questionnements comparables.

(22.00 euros, 226 p.)

ISBN : 978-2-343-03444-7, ISBN EBOOK : 978-2-336-35786-7

À L'OMBRE DES FORÊTS
Usages, images et imaginaires de la forêt
Sous la direction de Philippe Billet, Claire Harpet et Jean-Philippe Pierron
Qu'est-ce qu'une forêt ? De quoi sont faites les forêts ? Nous construisons tous une image de la forêt empreinte de vécus et d'imaginaires, procédant d'une accumulation de souvenirs, de connaissances et de représentations médiatiques et institutionnelles. A l'aune d'une prise de conscience de la finitude des ressources naturelles et du changement climatique, il est fondamental de savoir ce que la «forêt» veut dire.
(Coll. Éthique, droit et développement durable, 26.00 euros, 248 p.)
ISBN : 978-2-343-02807-1, ISBN EBOOK : 978-2-336-35819-2

UN BOTANISTE AUTOUR DU MONDE
Afrique, Amérique, Australie
Delange Yves
L'auteur, botaniste, nous invite à la découverte des différents milieux naturels peu connus des Européens, notamment ceux encore peu altérés par la civilisation et caractéristiques de formations extrêmement riches sur le plan de la diversité biologique, tels que les mattorales ou hauts plateaux mexicains, le bush, le veld et le fynbos en Afrique australe, ou encore le mulga, le mallee et la jarrah forest australiens.
(Coll. Biologie, écologie, agronomie, 25.00 euros, 256 p.)
ISBN : 978-2-343-03492-8, ISBN EBOOK : 978-2-336-35415-6

VOYAGES D'UN BOTANISTE EN EURASIE
France, Scandinavie, Italie, Grèce, Japon, Inde, Cambodge
Delange Yves
L'auteur, botaniste, nous présente ici nombre d'espèces végétales, à travers ses récits de voyages, des pays du nord de l'Europe jusque dans la lointaine Asie, avec des séjours dans différents espaces méditerranéens. Il livre également de nombreuses informations recueillies au cours de rencontres avec différentes cultures, concernant les productions agricoles, l'alimentation, les traditions culinaires, mais aussi diverses spiritualités vouées aux cultes de la nature, en Inde et en Extrême-Orient.
(Coll. Biologie, écologie, agronomie, 21.50 euros, 224 p.)
ISBN : 978-2-343-03491-1, ISBN EBOOK : 978-2-336-35416-3

COELACANTHE (LE), UNE ESPÈCE ANIMALE À L'ÉPREUVE DES MÉDIAS
Barrère Florent
Le coelacanthe est l'objet de bien des fantasmes : affaire commerciale dans les îles Comores ; course au «spécimen» naturalisé dans les muséums ; étude anatomique dans le seul but de conforter l'hypothèse du «grand-père de l'Homme»... Devenu à ses dépens vedette médiatique, le coelacanthe s'extraira de ce marasme par un retour à son objet scientifique initial : dans les années quatre-vingt, le coelacanthe est enfin filmé dans son milieu naturel.
(Coll. Champs visuels, 20.00 euros, 192 p.)
ISBN : 978-2-296-99785-1, ISBN EBOOK : 978-2-296-53096-6

L'HARMATTAN ITALIA
Via Degli Artisti 15; 10124 Torino
harmattan.italia@gmail.com

L'HARMATTAN HONGRIE
Könyvesbolt ; Kossuth L. u. 14-16
1053 Budapest

L'HARMATTAN KINSHASA
185, avenue Nyangwe
Commune de Lingwala
Kinshasa, R.D. Congo
(00243) 998697603 ou (00243) 999229662

L'HARMATTAN CONGO
67, av. E. P. Lumumba
Bât. – Congo Pharmacie (Bib. Nat.)
BP2874 Brazzaville
harmattan.congo@yahoo.fr

L'HARMATTAN GUINÉE
Almamya Rue KA 028, en face
du restaurant Le Cèdre
OKB agency BP 3470 Conakry
(00224) 657 20 85 08 / 664 28 91 96
harmattanguinee@yahoo.fr

L'HARMATTAN MALI
Rue 73, Porte 536, Niamakoro,
Cité Unicef, Bamako
Tél. 00 (223) 20205724 / +(223) 76378082
poudiougopaul@yahoo.fr
pp.harmattan@gmail.com

L'HARMATTAN CAMEROUN
TSINGA/FECAFOOT
BP 11486 Yaoundé
699198028/675441949
harmattancam@yahoo.com

L'HARMATTAN CÔTE D'IVOIRE
Résidence Karl / cité des arts
Abidjan-Cocody 03 BP 1588 Abidjan 03
(00225) 05 77 87 31
etien_nda@yahoo.fr

L'HARMATTAN BURKINA
Penou Achille Some
Ouagadougou
(+226) 70 26 88 27

L'HARMATTAN SÉNÉGAL
10 VDN en face Mermoz, après le pont de Fann
BP 45034 Dakar Fann
33 825 98 58 / 33 860 9858
senharmattan@gmail.com / senlibraire@gmail.com
www.harmattansenegal.com